国家示范（骨干）高职院校重点建设专业优质核心课程系列教材

网页设计实训教程

主　编　张春英　李英文　钟大伟

副主编　孙丰伟　赵海侠　张玉华　胡志强　张海艳　郑明秋

中国水利水电出版社
www.waterpub.com.cn

内 容 提 要

本书根据高等职业教育和教学的特点，充分考虑高等职业院校学生的学习基础、认知规律与培养目标，按照“项目导向、任务驱动”的原则编写。

全书包含八个基本实训项目和三个综合实训项目。按照能力递进的原则，安排各个基本实训项目的学习。每个实训项目分为不同的任务，每个学习任务对应 PHP 的不同知识点，使学生在完成任务及基础实训项目的同时，掌握 PHP 的基本知识点，逐步培养程序设计能力。三个综合实训项目分别按照网站开发的流程和步骤划分为不同的任务，使学生在完成任务及实训项目的同时，逐步培养静态网站开发能力。

本书取材新颖、概念清楚、语言简洁流畅、结构合理、通俗易懂、实用性强，便于教师指导教学和学生自学，适合作为高等职业院校相关专业教材，也可作为静态网站开发爱好者的参考用书。

本书配有电子教案及部分实训源代码文件，读者可以从中国水利水电出版社网站和万水书苑免费下载，网址为：http://www.waterpub.com.cn/softdown/和 http://www.wsbookshow.com。

图书在版编目（CIP）数据

网页设计实训教程 / 张春英，李英文，钟大伟主编. -- 北京：中国水利水电出版社，2015.2（2020.8 重印）
国家示范（骨干）高职院校重点建设专业优质核心课程系列教材
ISBN 978-7-5170-2942-7

Ⅰ. ①网… Ⅱ. ①张… ②李… ③钟… Ⅲ. ①网页制作工具－高等职业教育－教材 Ⅳ. ①TP393.092

中国版本图书馆CIP数据核字(2015)第027716号

策划编辑：石永峰　责任编辑：张玉玲　加工编辑：鲁林林　封面设计：李　佳

书　名	国家示范（骨干）高职院校重点建设专业优质核心课程系列教材 **网页设计实训教程**
作　者	主　编　张春英　李英文　钟大伟 副主编　孙丰伟　赵海侠　张玉华　胡志强　张海艳　郑明秋
出版发行	中国水利水电出版社 （北京市海淀区玉渊潭南路 1 号 D 座　100038） 网址：www.waterpub.com.cn E-mail：mchannel@263.net（万水） sales@waterpub.com.cn 电话：（010）68367658（发行部）、82562819（万水）
经　售	北京科水图书销售中心（零售） 电话：（010）88383994、63202643、68545874 全国各地新华书店和相关出版物销售网点
排　版	北京万水电子信息有限公司
印　刷	三河市铭浩彩色印装有限公司
规　格	184mm×260mm　16 开本　9.25 印张　240 千字
版　次	2015 年 2 月第 1 版　2020 年 8 月第 4 次印刷
印　数	6001—8000 册
定　价	23.00 元

前　　言

HTML、CSS、JavaScript 三项技术是静态网页设计、制作的核心，本书针对上述技术的特点和不同知识点的具体应用，提供相应的实训案例，并对案例进行任务分解，详细介绍任务的操作步骤及原理。本书针对高等职业院校学生的特点，采取了实训教学的方式。书中共包含 11 个实训，每个实训中都有一个完整的案例，每个案例都是构成一个网站或网页的一部分，具有真实的应用价值。

实训一制作诗词欣赏页面，介绍 HTML 基础，重点介绍 HTML 基本语法结构及网页中的文字和段落的排版。

实训二制作新闻列表页面，介绍各种列表的应用，重点介绍 HTML 中无序列表和有序列表的应用。

实训三制作导航菜单，介绍 HTML 中超级链接的应用，同时结合无序列表和 CSS 样式表对超链接进行效果控制。

实训四制作个人相册，介绍 HTML 页面中图片的应用，同时介绍了 CSS 盒模型以及 DIV+CSS 布局基础，重点介绍 CSS 盒模型与浮动技术。

实训五制作成绩登记表，介绍 HTML 中表格的应用，重点介绍表格、行、单元格的各种属性应用，同时结合 CSS 对单元格效果加以修饰。

实训六制作网站后台管理主页，重点介绍 HTML 中框架的应用，综合前面实训内容涉及的各知识点设计框架窗口页面。

实训七制作登录和注册页面，介绍了 HTML 表单的应用，重点介绍 HTML 表单中各元素的属性及应用；同时还介绍了 JavaScript 基本语法，实现对表单的各种信息验证。

实训八布局网站首页，介绍 DIV+CSS 基础，重点介绍 CSS 排版观念和常见 DIV+CSS 布局样式的制作方法，并详细介绍了一个 DIV+CSS 布局的案例。

实训九、实训十和实训十一介绍了三个综合案例，分别从设计分析、排版架构和模块设计等方面详细介绍了博客网站、企业网站和班级网站的布局方法。

本书是编者在多年从事 HTML、CSS、JavaScript 教学工作和网站开发工作的基础上编写而成的，由张春英、李英文、钟大伟任主编，由孙丰伟、赵海侠、张玉华、胡志强、张海艳、郑明秋任副主编，参加本书部分章节编写工作的还有李红岩、王石光、蒙连超等老师。

由于时间仓促、作者水平有限，书中错漏之处在所难免，欢迎广大读者批评指正。

编　者

2015 年 1 月

目　　录

实训一

制作诗词欣赏页面

1.1 实训目标

- 了解 HTML 网页基本语法和结构
- 了解 HTML 基本元素
- 掌握对网页中文字格式化的方法
- 掌握对网页中段落格式化的方法

1.2 实训内容

文字是网页的基础部分，具体内容包括浏览器中要显示的文字、空格、特殊符号以及注释语句。可以通过一些 HTML 标记实现对文字、段落的格式化。本实训通过对网页中的文字和段落进行格式化制作一个诗词欣赏页面。

1.3 实训效果

诗词欣赏页面运行效果如图 1-1 所示。

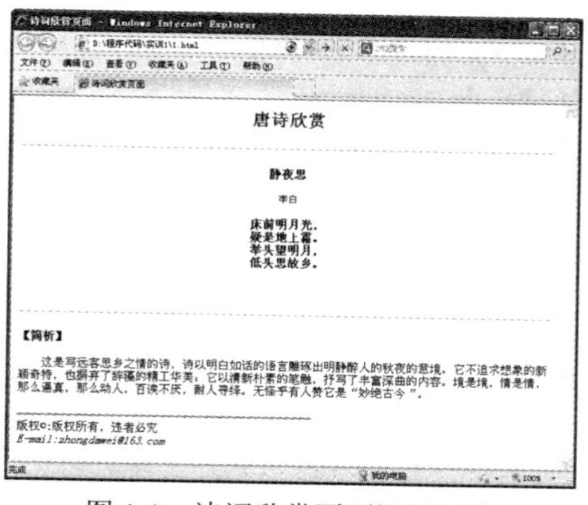

图 1-1　诗词欣赏页面运行效果

1.4 实现过程

任务 1：制作诗词欣赏页面

步骤 1：

打开编辑环境，创建 HTML 文档 1-1.html，保存到指定位置，在文档中输入 HTML 文档的基本结构，代码如下：

```
<!--程序 1-1.html-->
<html>
 <head>
  <title> 诗词欣赏页面 </title>
 </head>
 <body>
  ……
 </body>
</html>
```

说明：

（1）一个完整的 HTML 文档包含头部和主体两个部分的内容，在头部内容里，可以定义标题、样式等，文档的主体内容就是要显示的信息。

（2）HTML 用来描述功能的符号称为“标记”或“标签”。<html>、<head>、<body>等都是标记。标记在 HTML 源文件中书写不区分大小写。

（3）标记通常分为单标记和双标记两种类型。其中：

1）单标记仅单独使用就可以表达完整的意思。如
表示换行，<hr>表示水平分隔线。

2）双标记由首标记和尾标记两部分构成，必须成对使用。首标记告诉 Web 浏览器从此处开始执行该标记所表示的功能，尾标记告诉 Web 浏览器在这里结束该标记。HTML 中大部分标记为双标记。如：<b>和</b>之间的文字会加粗，<center>和</center>之间的文字会居中显示。标记对之间的内容称为 HTML 元素。

注意：标记可以成对嵌套，但不能交叉嵌套，如下面的代码是错的：

```
<p><b>这是错误的交叉嵌套</p></b>
```

（4）HTML 标记可以添加一些附加信息，称之为“属性”。属性应该写在首标记内，并且和标记名之间有一个空格分隔。例如：<hr>的作用是在网页中插入一条水平线，那么水平线的粗细、对齐方式等就是该标记的属性，如：

```
<hr size="5px" align="center">
```

代码中<hr>标记中的 size 为属性，5px 为属性值；align 为属性，center 为属性值。属性值需要使用双引号""括起来。

（5）<html>标记通常会作为 HTML 文档的开始代码，出现在文档的第一句，而</html>标记通常作为 HTML 文档的结束代码，出现在文档的尾部，其他所有的 HTML 代码都位于这两个标记之间，该标记用于告知浏览器或其他程序，这是一个 Web 文档，应该按照 HTML 语言规则对文档内容的标记进行解释。

（6）<head></head>是 HTML 文档的头部标记，在浏览器窗口中，头部信息是不被显示在正文中的，在此标记中可以插入其他用于说明文件的标题和一些公共属性的标记。如果要指定 HTML 文档的网页标题（它将显示在浏览器窗口顶部标题栏），就要在头部内容中提供有关信息。用 title 元素来指定网页标题，即在<title></title>之间写上网页标题文字。

（7）<body></body>标记之间的文本是在浏览器中要显示的页面内容，如图片、文字、表格、表单、超链接等元素。

（8）<head></head>标记和<body></body>标记在文档中都是唯一的，并嵌套在<html></html>标记中。

（9）<!--程序 1-1.html-->为注释。注释标记用于在 HTML 源码中插入注释。注释会被浏览器忽略，不做解释。可以使用注释对程序代码进行解释，适当的注释对代码的阅读和维护有很大的帮助。

（10）HTML 文件的扩展名为.html。文件名可以有英文字母、数字和下划线组成，不能包含特殊符号，如空格、$等。文件名区分大小写。网站首页文件名一般是 index.html 或者 default.html。HTML 文档有记事本或其他 HTML 开发工具编写，由浏览器解释执行。

程序 1-1 只有 HTML 的基本结构，还未添加内容，所以在浏览器中的执行效果是空白页面，如图 1-2 所示。

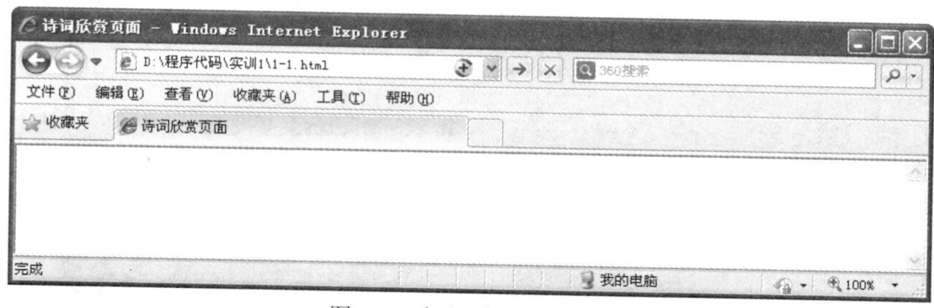

图 1-2 空白页面运行效果

步骤 2：

在<body></body>标记之间录入诗词内容，如下：

```
<!--程序 1-2.html-->
<html>
<head>
<title>诗词欣赏页面</title>
</head>
<body>
                    唐诗欣赏
                    静夜思
                      李白
                    床前明月光，
                    疑是地上霜。
                    举头望明月，
                    低头思故乡。
【简析】
这是写远客思乡之情的诗，诗以明白如话的语言雕琢出明静醉人的秋夜的意境。它不追求想象的新颖奇特，也摒弃了辞藻的精工华美；它以清新朴素的笔触，抒写了丰富深曲的内容。境是境，情是情，那么逼真，那么动人，百读不厌，耐人寻绎。无怪乎有人赞它是“妙绝古今”。
版权&copy;:版权所有，违者必究
```

```
E-mail:zhongdawei@163.com
</body>
</html>
```

程序 1-2 在浏览器中的运行效果如图 1-3 所示。

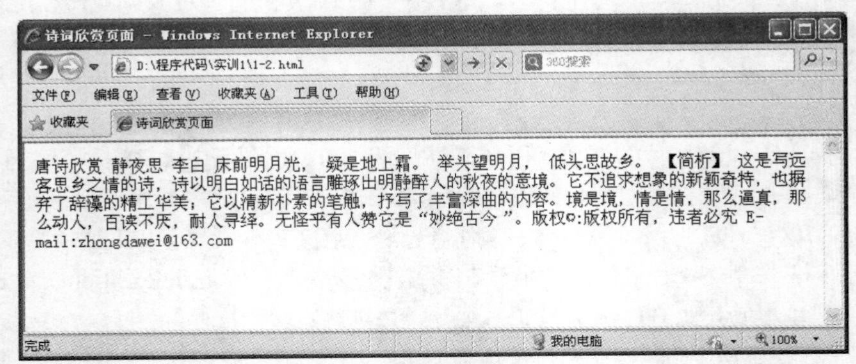

图 1-3　录入文字后诗词页面

由运行效果可见，在文本编辑器中输入的回车和额外的空格均被 HTML 忽略了。若想让文字展现出一定的格式和样式，需要对文字进行格式化和段落控制。

步骤 3：

修饰文字。通过<h2>、<p>、<font>、<b>、
、<address>等标记对诗词内容进行修饰。代码如下：

```
<!--程序 1-3.html-->
……
<h2>唐诗欣赏</h2>
<hr>
<p><b><font size="3">静夜思</font></b></p>
<p><font size="2">李白</font></p>
        <p><b>床前明月光，<br>
                疑是地上霜。<br>
                举头望明月，<br>
                低头思故乡。</b></p>
        <p> </p>
<hr>
<p><b>【简析】</b><br>
<p>    这是写远客思乡之情的诗，诗以明白如话的语言雕琢出明静醉人的秋夜的意境。它不追求想象的新颖奇特，也摒弃了辞藻的精工华美；它以清新朴素的笔触，抒写了丰富深曲的内容。境是境，情是情，那么逼真，那么动人，百读不厌，耐人寻绎。无怪乎有人赞它是“妙绝古今”。
</p>
<hr>
版权&copy;:版权所有，违者必究
<address>E-mail:zhongdawei@163.com</address>
……
```

说明：

（1）标题字，是用几种固定的字号显示文字。<h2>为二级标题。在 HTML 中，定义了六级标题，从一级到六级，每级标题的字体大小依次递减。标题字标记如表 1-1 所示。

表 1-1　标题字标记

标记	描述	标记	描述
<h1>…</h1>	一级标题	<h4>…</h4>	四级标题
<h2>…</h2>	二级标题	<h5>…</h5>	五级标题
<h3>…</h3>	三级标题	<h6>…</h6>	六级标题

标题字标记的 align 属性设置标题字的对齐方式，如<h2 align="left|center|right">…</h2>，其中 left 表示左对齐，center 为居中对齐，right 为右对齐。使用标题字的元素自动换行。

（2）文字样式。网页中添加文字后，可以利用<font>标记及其属性对网页文字的字体、字号、颜色进行定义。如：<font face="" size="" color="">…</font>，其中：

1）face 属性用来定义字体，任何安装在操作系统中的字体都可以显示在浏览器中。可以为 face 属性一次定义多个字体，字体之间用“,”分隔开，浏览器在读取字体时，如果第一种字体系统中不存在，就显示第 2 种字体，依此类推，如果这些字体都不存在，就显示系统默认字体。

2）size 属性用来定义字号，取值范围为 1～7。

3）color 属性用来定义颜色，其值为该颜色的英文单词或十六进制数值。

（3）文字修饰。用于文字修饰的标签语法及描述，如表 1-2 所示。

表 1-2　文字修饰标记

标记	描述	标记	描述
<b></b>	加粗文字显示		上标
<i></i>	斜体文字显示		下标
<u></u>	文字添加下划线	<address></address>	以斜体显示地址信息
<del></del>	文字添加删除线		

其中，<address></address>标记用来表示 HTML 文档的特定信息，如 E-mail、地址、签名、作者、文档信息等，这些内容通常为斜体，大多数浏览器会在 address 元素前后添加一个换行符。

（4）段落标记<p></p>，可以对文字进行段落定义，段落间会有默认间距。它可以单独使用，也可以成对使用。单独使用时，下一个<p>的开始就意味着上一个<p>的结束，良好的习惯是成对使用。

（5）水平分割线。<hr>标记在浏览器显示为水平线，可以作为段落之间的分割线，使得文档结构清晰，层次分明。可以通过属性来修饰水平线的样式。如<hr width="" size="" color="" align="">。默认情况下，水平线的宽度为 100%。水平线的宽度可以使用百分比或像素作为单位，但是水平线高度必须使用像素作为单位，水平线对齐方式包括居左（left）、居中（center）、居右（right）。水平线属性如表 1-3 所示。

表 1-3　水平线属性

属性	说明	属性	说明
align	水平线对齐方式	color	水平线颜色
width	水平线宽度	noshade	水平线不出现阴影
size	水平线高度		

（6）换行标记
，用于文字的换行。由于在文本编辑器中输入的回车将被HTML忽略，所以要通过
标记实现换行。
是个单标记，一次换行使用一个
，多次换行可以使用多个
。一般，浏览器会根据窗口的宽度自动将文本进行换行显示，如果想强制浏览器不换行显示，可以使用<nobr></nobr>标记，但是在<nobr></nobr>标记中被<wbr></wbr>包含的内容将被强制换行。

（7）添加空格。代码中“ ”表示输入一个空格。通常，HTML会自动删除文字内容中的多余空格，不管文字中有多少空格，都被视为一个空格。为了在网页中增加空格，可以明确使用“ ”表示空格。输入一个空格使用一个“ ”，输入多个空格就添加多个“ ”。代码中“这是写远客思乡……”之前加了4个空格。

（8）添加特殊符号。代码中“©”表示特殊符号“©”。特殊符号和空格一样，也是通过在HTML文件中输入符号代码添加的。使用特殊符号可以输出键盘上没有的字符。常用的特殊符号及其对应的符号代码如表1-4所示。

表1-4　特殊符号

特殊符号	符号代码	特殊符号	符号代码
&	&	<	<
©	©	>	>
®	®	“	"
£	£	•	·
￥	¥	™	™

（9）预格式化标记<pre></pre>。浏览器在显示HTML页面时，通常会将页面中所有的额外空白和回车进行压缩，并根据窗口宽度自动换行。要想保留原始文字排版的格式，可以通过<pre></pre>标记对来实现。

（10）段落缩进标记<blockquote></blockquote>。该标记嵌套在段落标记<p></p>之外，可以使段落中的首行文字缩进5个字符，如需缩进更多，可嵌套多层。

（11）滚动标记<marquee></marquee>。标记中的内容将在浏览器中滚动显示。常用的属性及说明如表1-5所示。

表1-5　<marquee>标记的属性及说明

属性	属性功能	属性取值	属性值功能
behavior	设置滚动方式	scroll slide alternate	循环滚动（默认值） 滚动一次停止 来回交替滚动
direction	设置滚动方向	left right up down	由右向左滚动（默认值） 由左向右滚动 由下向上滚动 由上向下滚动
bgcolor	设置背景颜色	颜色名称 #rrggbb	表示所用颜色

续表

属性	属性功能	属性取值	属性值功能
width 和 height	设置滚动背景的宽和高	数字 百分比	设置背景的绝对大小 设置背景相对浏览器窗口的大小
hspace 和 vspace	设置滚动背景和周围其他元素的空白间距	数字	设置滚动背景和周围其他元素的绝对间距
loop	设置滚动的循环次数	正整数 infinite	滚动次数 无限次（默认值）
scrollamount	设置每次移动的距离	数字（默认单位 px）	每次移动的距离
scrolldelay	设置每次移动后的间歇时间	数字（默认单位 ms）	每次移动后的间歇时间

程序 1-3 在浏览器中运行结果如图 1-4 所示。

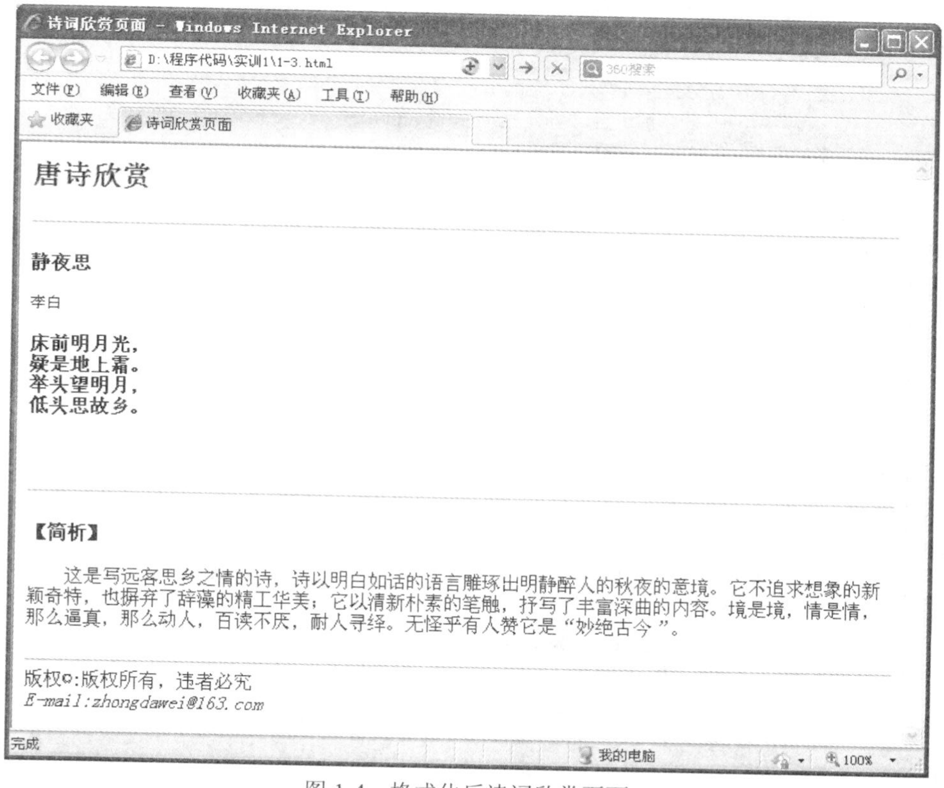

图 1-4　格式化后诗词欣赏页面

任务 2：美化诗词欣赏页面

为了让页面更美观、典雅，需要对页面中的各个内容进行排版、布局、颜色、大小等的控制。可以通过 HTML 标记的属性来实现。

页面中“唐诗欣赏”文字内容要居中显示，设置<h2>标记的 align 属性值为 center。第一、二条水平分隔线设置其 width 属性值为 100%，水平线高度 size 属性值为 1px，水平线颜色 color 属性值为#00ffee。第一、二、三段落内容均设置为居中对齐，即<p>标记的 align 属性值为 center，同时设置文字内容“静夜思”和“李白”的字体大小，即分别设置<font>标记的 size 属性值为 3 和 2。第三条水平分隔线设置其 width 属性值为 400px，水平线高度 size 属性值为 3px，水平线颜色 color 属性值为#00ee99。水平线的对齐方式为左对齐，将 align 属性的值设置为 left。代码如下：

```
<!--程序 1-4.html-->
……
<h2 align="center">唐诗欣赏</h2>
<hr width="100%" size="1" color="#00ffee">
<p align="center"><b><font size="3">静夜思</font></b></p>
<p align="center"><font size="2">李白</font></p>
        <p align="center"><b>床前明月光，<br>
                        疑是地上霜。 <br>
                        举头望明月，<br>
                        低头思故乡。</b></p>

        <p> </p>
<hr width="100%" size="1" color="#00ffee">
<p><b>【简析】</b><br>
<p>    这是写远客思乡之情的诗，诗以明白如话的语言雕琢出明静醉人的秋夜的意境。它不追求想象的新颖奇特，也摒弃了辞藻的精工华美；<br>它以清新朴素的笔触，抒写了丰富深曲的内容。境是境，情是情，那么逼真，那么动人，百读不厌，耐人寻绎。无怪乎有人赞它是“妙绝古今”。
</p>
<hr width="400" size="3" color="#00ee99" align="left">
版权&copy;:版权所有，违者必究
<address>E-mail:zhongdawei@163.com</address>
……
```

说明：

（1）在计算机中，可以利用 RGB 表示自然界的任何一种颜色。RGB 由红（red）、绿（green）、蓝（blue）三种颜色组成，定义每种颜色的强度都是 0～255。当所有颜色强度为 0 时，产生黑色，当所有颜色的强度都是 255 时，产生白色。<hr>标记的 color 属性值为“#00ffee”，这是用#号加上 6 位十六进制数字来表示一种颜色，格式为#RRGGBB。其中 R、G、B 这三个字母的取值范围为 0～9、a～f 这 16 个数字（a～f 不区分大小写）。例如，“#FF0000”表示红色。

（2）在 HTML 代码中要设置颜色时，可以直接使用颜色名称。常用的颜色名称如表 1-6 所示。

表 1-6　网页常用颜色中英文对照表

英文名称	颜色	英文名称	颜色
black	黑	purple	紫
white	白	olive	橄榄绿
gray	灰	navy	深蓝
silver	银灰	aqua	水蓝
red	红	lime	青绿
green	绿	maroon	茶色
blue	蓝	teel	墨绿
yellow	黄	fuchsia	紫红

程序 1-4 在浏览器中运行结果如图 1-5 所示。

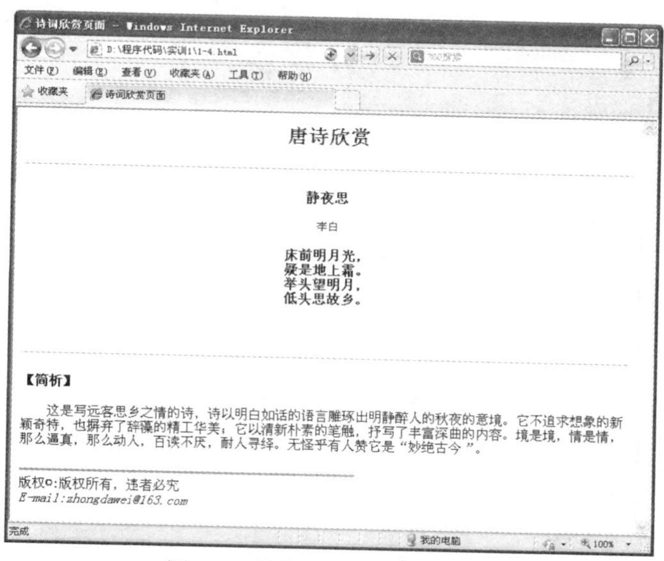

图 1-5　美化后的诗词欣赏页面

1.5　总结与思考

本实训主要介绍了 HTML 文件的基本结构和基本语法，以及文字、段落的修饰。HTML 文件基本结构包含三大部分，其中：<html>和</html>分别表示一个 HTML 文档的开始和结束；<head>和</head>分别表示文档头部的开始和结束；<body>和</body>分别表示文档主体的开始和结束。<body>和</body>是 HTML 文档的核心部分，在浏览器中看到的任何信息都定义在这个标记之内。

熟悉并掌握关于文字样式、文字修饰以及段落等标记及属性的应用。文字不仅是网页信息传达的一种常用方式，也是视觉传达最直接的方式，运用经过精心处理的文字材料，可以制作效果很好的版面。

根据所学的知识完成如下班级网站页面的制作，效果如图 1-6 所示。

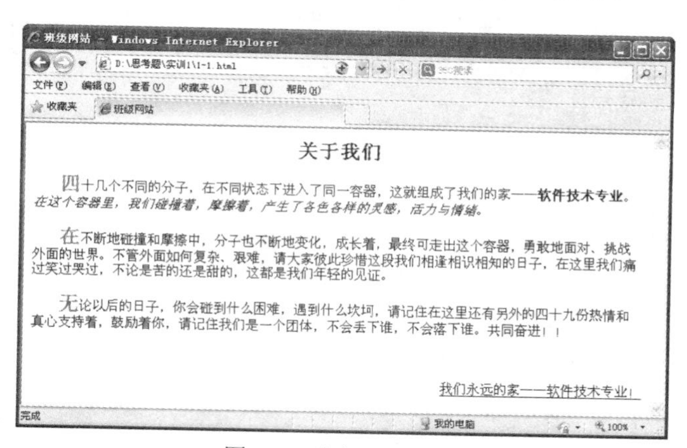

图 1-6　班级网站页面

实训二

制作新闻列表页面

2.1 实训目标

- 掌握无序列表的应用
- 掌握有序列表的应用
- 掌握嵌套列表的应用

2.2 实训内容

在制作网页时，列表是一种常用的格式控制方法，它可以把相关联的内容以简洁的、易于阅读的方式呈现出来。本实训将通过使用无序列表、有序列表以及列表的嵌套制作一个新闻列表和通知的页面。

2.3 实训效果

新闻列表页面运行效果如图 2-1 所示。

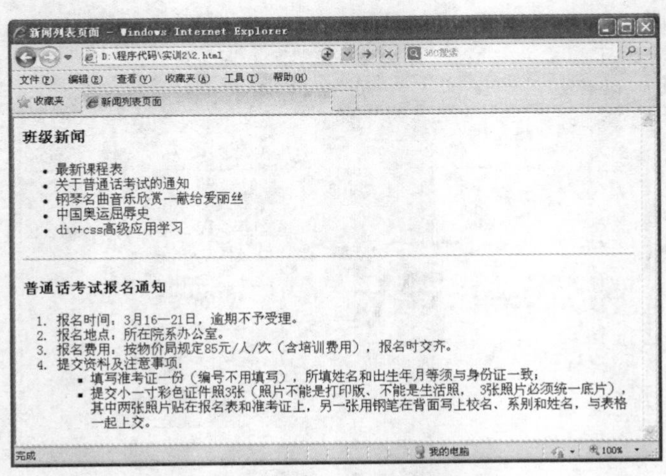

图 2-1 新闻列表页面运行效果

2.4　实现过程

任务1：制作新闻列表页面

步骤1：

打开编辑环境，创建HTML文档2-1.html保存到指定位置，在文档中输入HTML文档的基本结构，代码如下：

```
<!--程序 2-1.html-->
<html>
 <head>
  <title> 新闻列表页面 </title>
 </head>
 <body>
  ……
 </body>
</html>
```

步骤2：

无序列表应用。在<body>和</body>标记之间添加无序列表<ul></ul>标记以及列表项标记<li></li>。根据实训要求，制作班级新闻列表。代码如下：

```
<!--程序 2-2.html-->
……
班级新闻
  <ul type="disc">
     <li>最新课程表</li>
     <li>关于普通话考试的通知</li>
     <li>钢琴名曲音乐欣赏—献给爱丽丝</li>
     <li>中国奥运屈辱史</li>
     <li>div+css 高级应用学习</li>
  </ul>
……
```

说明：

（1）列表（List），顾名思义就是在网页中将相关资料以条目的形式有序或无序排列而形成的表。常用的列表有无序列表（ul）、有序列表（ol）和定义列表（dl）三种。另外还有目录列表（Dir）和菜单列表（Menu）。

（2）无序列表（Unordered List）是一个没有特定顺序的相关条目（也称为列表项）的集合。在无序列表中，各个列表项之间属于并列关系，没有先后顺序之分，它们之间以一个项目符号来标记。

基本语法：

```
<ul type=" ">
    <li>项目名称</li>
    <li>项目名称</li>
    ……
</ul>
```

语法说明：

1）在 HTML 文件中，可以利用成对的<ul></ul>标记插入无序列表，其中列表项标记<li></li>（List-items）用来定义列表项序列。

2）使用无序列表标记的 type 属性，可以指定出现在列表项前的项目符号的样式，其取值以及相对应的符号样式如下：

- disc：指定项目符号为一个实心圆点（IE 浏览器默认为 disc）。
- circle：指定项目符号为一个空心圆。
- square：指定项目符号为一个实心方块。

（3）使用列表项标记<li></li>的 type 属性，可以指定单个列表项的项目符号。

程序 2-2 在浏览器中运行结果如图 2-2 所示。

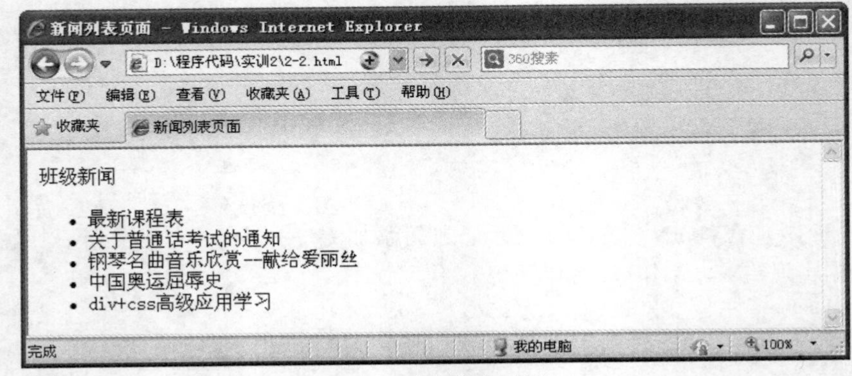

图 2-2　班级新闻列表

步骤 3：

有序列表应用。在<body>和</body>标记之间继续添加<ol></ol>标记以及列表项标记<li></li>。制作普通话考试报名通知列表。代码如下：

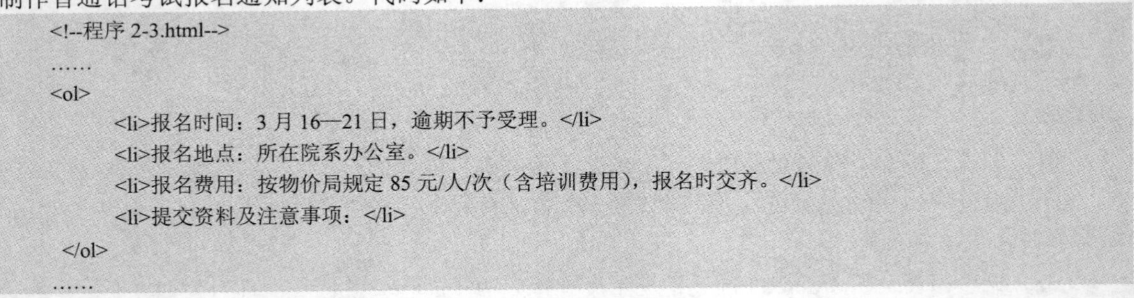

```
<!--程序 2-3.html-->
……
<ol>
        <li>报名时间：3 月 16—21 日，逾期不予受理。</li>
        <li>报名地点：所在院系办公室。</li>
        <li>报名费用：按物价局规定 85 元/人/次（含培训费用），报名时交齐。</li>
        <li>提交资料及注意事项：</li>
 </ol>
……
```

说明：

（1）有序列表（Ordered List）是一个有特定顺序的相关条目（也称为列表项）的集合，在有序列表中，各个列表项有先后顺序之分，它们之间以编号来标记。

基本语法：

```
<ol>
     <li>项目名称</li>
     <li>项目名称</li>
     ......
</ol>
```

语法说明：

1）在 HTML 文件中，可以利用成对的<ol></ol>标记插入有序列表，其中的列表项标记<li></li>用来定义列表项顺序。

2）使用有序列表标记的 type 属性，可以指定列表项的项目编号的样式，其取值以及相应的编号样式如下：

- 1：指定项目编号为阿拉伯数字（IE 浏览器的默认值是 1）。
- a：指定项目编号为小写英文字母。
- A：指定项目编号为大写英文字母。
- i：指定项目编号为小写罗马数字。
- I：指定项目编号为大写罗马数字。

（2）编号起始值。通常，在指定列表的编号样式后，浏览器会从 1、a、A、i 或 I 开始自动编号。有序列表标记的 start 属性，可改变编号的起始值。start 属性值是一个整数，表示从哪一个数字或字母开始编号。例如，设置 start="3"，则有序列表的列表项编号将从 3、c、C、iii 或 III 开始编号。

（3）列表项样式。使用列表项标记<li></li>的 type 属性，可以指定单个列表项的编号。

（4）列表项编号。列表项标记<li></li>的 value 属性，可以改变当前列表项的编号大小，并会影响其后所有列表项的编号大小。但该属性只适用于有序列表。

程序 2-3 在浏览器中运行结果如图 2-3 所示。

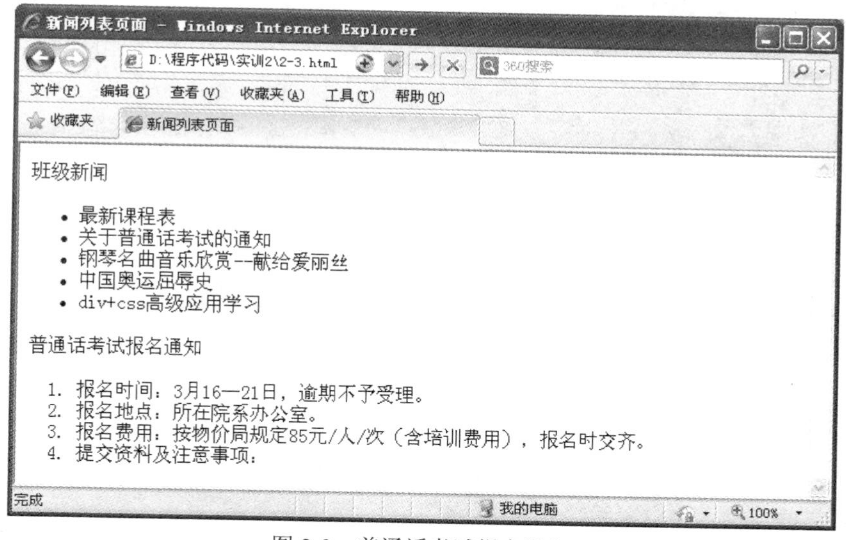

图 2-3 普通话考试报名通知

步骤 4：

制作列表嵌套。在之前的有序列表<ol></ol>标记内嵌套一无序列表，并设置无序列表标记<ul></ul>的 type 属性值为 square。代码如下：

```
<!--程序 2-4.html-->
……
<ol>
……
```

```
    <li>提交资料及注意事项：</li>
        <ul type="square">
          <li>填写准考证一份（编号不用填写），所填姓名和出生年月等须与身份证一致；</li>
          <li>提交小一寸彩色证件照 3 张（照片不能是打印版、不能是生活照， 3 张照片必须统一底片），其中两张照片贴在报名表和准考证上，另一张用钢笔在背面写上校名、系别和姓名，与表格一起上交。</li>
        </ul>
    </ol>
......
```

说明：

列表还可以嵌套使用，也就是一个列表中还可以包含多层子列表。在网页文件中，对于内容层次较多的情况，使用嵌套列表不仅使网页的内容布局更加合理美观，而且使其内容看起来更加清晰、明了。嵌套的列表可以是无序列表的嵌套，也可以是有序列表的嵌套，还可以是无序列表和有序列表的混合嵌套。

程序 2-4 在浏览器中运行结果如图 2-4 所示。

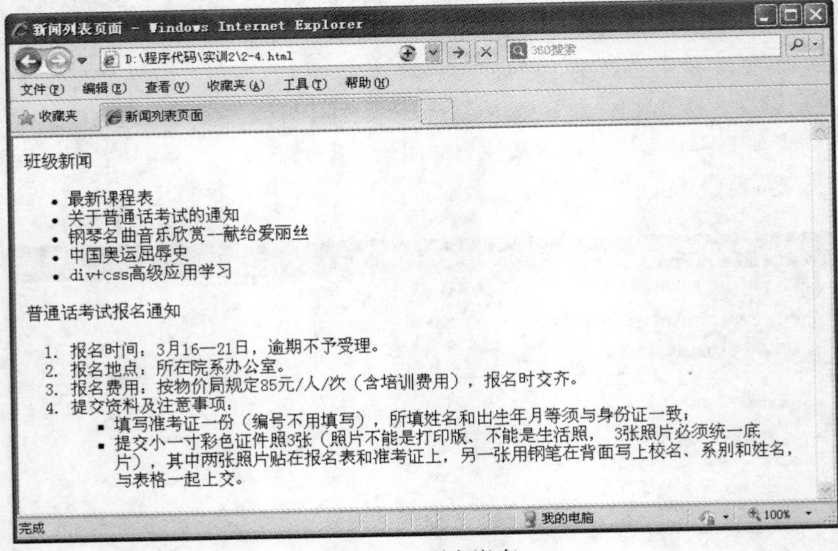

图 2-4　列表嵌套

任务 2：美化新闻列表页面

设置“班级新闻”“普通话考试报名通知”文字内容为三级标题大小，并以粗体的形式显示，在两部分内容之间加一水平分隔线。代码如下：

```
......
<h3><b>班级新闻</b></h3>
......
<hr>
<h3><b>普通话考试报名通知</b></h3>
......
```

美化后的新闻列表程序在浏览器中运行结果如图 2-1 所示。

2.5 总结与思考

在 HTML 页面中，列表是一个常用的格式控制方法，合理使用列表标签可以起到提纲和将排序文件格式化的作用。HTML 中常用的列表有：无序列表（ul）、有序列表（ol）和定义列表（dl）三种。

根据所学内容完成列表嵌套页面和导航页面的制作，效果如图 2-5 和图 2-6 所示。

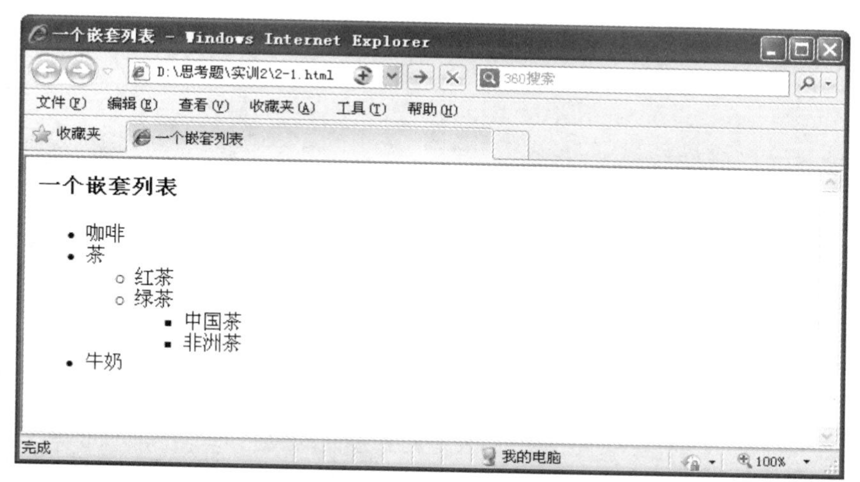

图 2-5 列表嵌套

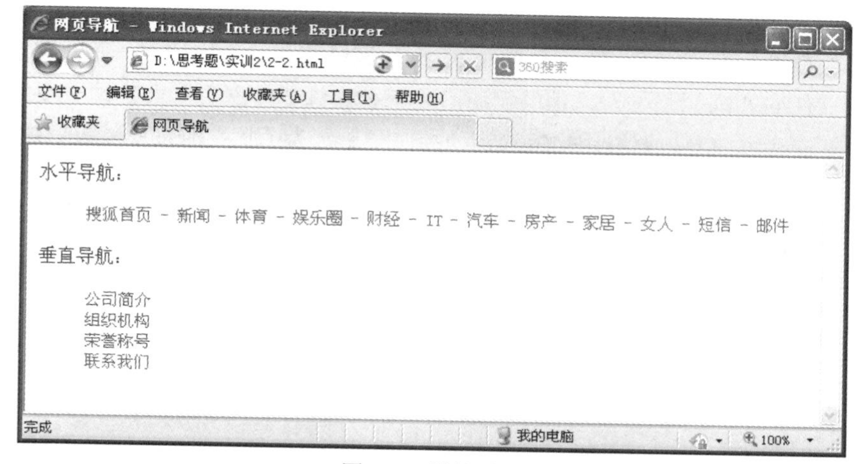

图 2-6 导航页面

实训三

制作导航菜单

3.1 实训目标

- 掌握超链接的使用
- 理解超链接路径的相关概念
- 掌握下载链接和邮件链接的使用
- 掌握 CSS 样式表的定义和使用
- 掌握 CSS 样式表对文字、链接、列表等样式控制的属性

3.2 实训内容

网页文件的最大魅力是超于各个文件的空间，通过超链接相互连接构成一个纷繁复杂的互联网世界。超链接（Hyperlink）是一个网站的精髓，是一种允许一个网页同其他网页或站点之间进行连接的元素。本次实训内容主要利用超链接制作导航菜单，为了使导航菜单效果更加美观、适用，结合无序列表和 CSS 样式表进行样式控制，达到精美的效果。

3.3 实训效果

导航菜单运行效果如图 3-1 所示。

图 3-1　导航菜单运行效果图

3.4　实现过程

任务 1：编辑导航菜单

步骤 1：

准备素材图片，图片宽度为 107px，高度为 39px，需要两张，分别表示超链接正常状态下的背景和鼠标经过超链接时的背景。建议使用 Photoshop 自己设计，也可以使用提供的素材，如图 3-2 所示。

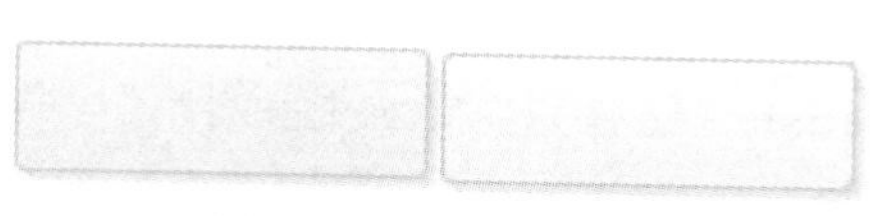

图 3-2　导航图片素材

步骤 2：

创建站点文件夹“实训 3”。站点的主要作用是用于组织管理整个网站中所包含网页文件、样式表、js 脚本、flash、网页素材等文件。在该站点文件夹下面创建 images 文件夹，用来组织管理该网站所使用的图片素材，将前面准备好的图片素材复制到 images 文件夹下。结构如图 3-3 所示。

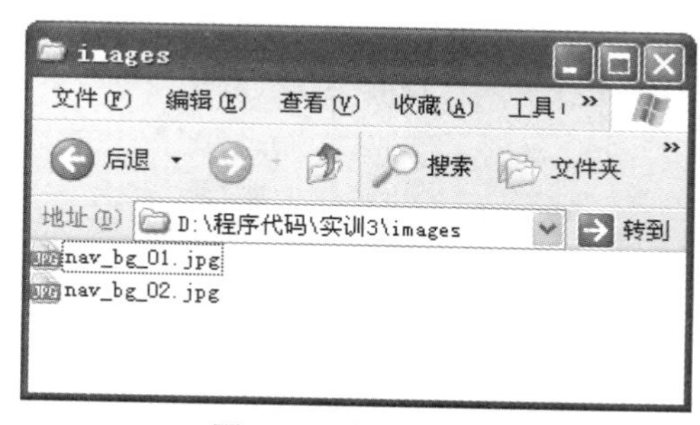

图 3-3　站点结构图

步骤 3：

打开编辑环境，创建 HTML 文档 3-1.html，并保存到指定站点文件夹下面。可使用 Dreamweaver、记事本、NodePad++、EditPlus、UltraEdit 等文本编辑器。结构如图 3-4 所示。

图 3-4　站点结构图

步骤 4:

在 3-1.html 文档中输入 HTML 文档的基本结构，并修改标题为“导航菜单”，代码如下：

```
<!--程序 3-1.html-->
<html>
<head>
<title>导航菜单</title><!--设置网页标题-->
</head>
<body>
<!--此处为网页显示内容-->
</body>
</html>
```

步骤 5:

创建导航菜单，通过无序列表和超链接完成导航菜单的制作，每个超链接都是无序列表的列表项。在<body>标记之间加入如下代码：

```
<!--程序 3-2.html-->
......
<ul>
    <li><a href="#">首页</a></li>
    <li><a href="#">网页版式布局</a></li>
    <li><a href="#">div+css 教程</a></li>
    <li><a href="#">div+css 实例</a></li>
    <li><a href="#">常用代码</a></li>
    <li><a href="#">站长杂谈</a></li>
    <li><a href="#">技术文档</a></li>
    <li><a href="res/10day_DIV+CSS.rar">资源下载</a></li>
    <li><a href="mailto:abc@163.com?subject=联系我们">联系我们</a></li>
</ul>
......
```

说明:

（1）超链接由标记<a>开始，</a>结束，它们之间的文字为超链接文字。超链接除了可链接文本外，也可以链接各种媒体，如声音、视频、动画等。

（2）超链接标记的 href 属性为链接属性，和 URL 结合，定义链接所指定的目标地址。通常的取值有如下形式：

1）#：表示为空链接，即形成链接效果，但不跳转到任何网页。由于本次实训只是做出导航菜单效果，故只使用空链接即可。

2）news.html：表示当单击链接文字时跳转到 news.html 网页。

3）res/10day_DIV+CSS.rar：表示下载链接，单击链接文字时，弹出下载窗口，可以将该目录下的文件保存到用户指定的位置。

4）mailto:abc@163.com?subject=联系我们：表示邮件链接，其格式一般为：<a href="mailto:E-mail 地址[?subject=邮件主题[&参数=参数值]]">，其中 subject 为邮件主题，其他参数有 cc 为抄送，bcc 为暗送，body 为邮件内容，多个参数之间使用“&”进行分隔。单击该邮件链接时会打开 outlook 来编辑发送邮件。

注：href 属性不可缺少，否则将不会形成链接效果。在指定链接路径时，在网站站点内的链接一般采用相对路径，链接外网时通常采用绝对路径。

（3）超链接标记的其他常用属性：

1）target 属性：用于指定打开链接的目标窗口，其默认方式是原窗口，其具体的属性值及描述如下：

- _parent：在上一级窗口中打开，一般使用分帧的框架页会经常使用。
- _blank：在新窗口打开。
- _self：在同一帧或窗口中打开，是 target 的默认值。
- _top：在浏览器的整个窗口中打开，忽略任何框架。

2）title 属性：用户指定当鼠标指向链接时所显示的提示信息。

3）name 属性：定义一个链接位置名称，如“a”，当 href 属性值为“#a”时，可以跳转到当前位置，实现页内跳转，即目录链接。

程序 3-2 在浏览器中的运行效果如图 3-5 所示。

图 3-5　导航菜单效果图

任务 2：美化导航菜单

步骤 1：

在 html 文档开头添加文档类型说明，代码如下：

```
<!DOCTYPE html PUBLIC "-//W3C//DTD XHTML 1.0 Transitional//EN" "http://www.w3.org/TR/xhtml1/DTD/xhtml1-transitional.dtd">
```

注：这句话标明本 HTML 文档是过渡类型，另外还有框架类型和严格类型，目前一般都采用过渡类型，因为浏览器对 XHTML 的解析比较宽松，允许使用 HTML4.01 中的标签，但必须符合 XHTML 的语法。HTML 文档类型说明能提供对 CSS 样式的支持。

步骤 2：

应用 CSS 样式表，分别设置“body”和“ul”元素的显示效果，在程序 3-3 的<head>和</head>标记之间添加<style></style>标记对，即应用嵌入样式表（内部样式表），定义相应的 CSS 样式规则，CSS 代码如下：

```
<!--程序 3-3.html-->
……
<head>
```

```
<style type="text/css">
ul{margin:0px;padding:0px;list-style-type:none;}        /*去掉 ul 的外边距、内边距和项目符号*/
</style>
</head>
……
```

说明：

（1）CSS（Cascading Style Sheet）称为层叠样式表，是对页面内容和显示风格分离思想的一种体现，通过给一个普通网页文件添加 CSS 规则，就可以得到十分美观的网页。样式表的每个规则都有两个主要部分：选择符和声明。选择符用来决定哪些元素受到影响，声明由一个或多个属性值对组成，用来定义样式。基本语法如下：

```
选择符{属性 1:属性值[[;属性 2:属性值]...]}
```

可以为一个选择符定义多个属性，属性名与属性值之间用冒号（:）分开，每个属性值对之间用分号（;）分开。可以定义多个这样的样式规则。

例如：h1{color:red;background:yellow;}，其中 h1 为选择符，{}内的为声明，color 和 background 为属性，red 和 yellow 分别为两个属性的值。

（2）CSS 的设置方式。

有 4 种方式可以将样式表加到 HTML 文档中，分别为：

1）内联样式表（Inline Style Sheets），也称行内样式表，是在 HTML 首标记内直接添加 style 属性，style 属性值就是样式的声明，如：

```
<p style="font-size:18pt;">…</p>
```

内联样式只对当前 HTML 元素有效。因其没有和内容相分离，所以不建议使用。

2）嵌入样式表（Embedded Style Sheets），也称内部样式表，是在<head></head>标记对中添加的<style></style>标记对，在<style></style>标记对中添加各种网页元素的样式规则定义。如：

```
<head>
    <style type="text/css">
        p {font-size:12pt; color:#f00;}        /*段落标记<p>的样式*/
    </style>
</head>
```

<style>标记的 type 属性，取固定值“text/css”，指定以 CSS 语法定义。/*…*/为 CSS 文档的注释。嵌入样式只对当前 HTML 文档中的元素有效，不能作用于其他文档。

3）外部样式表（Linked Style Sheets）。样式规则定义语句可以放置在一个单独的外部文件中，这个外部文件就是外部样式表文件，其扩展名为.css。外部样式表文件可以被多个 HTML 文档使用，实现代码的重用性。一个外部样式表文件可以通过在<head></head>标记对中添加<link>标记链接到 HTML 文档中，并对 HTML 文档发挥作用。如：

```
<head>
<link href="css/layout.css" rel="stylesheet" type="text/css" />
</head>
```

<link>标记的 href 和 rel 属性是必须的：

- href 属性：指定外部样式表文件所在的相对路径。
- rel 属性：指定外部链接文件为样式表，取固定值“stylesheet”。
- type 属性：指定外部文件以 CSS 语法定义，取固定值“text/css”。

4）导入样式表（Imported Style Sheets），通过“@import url("/css/global.css");”语句将外部样

式表文件导入到另一个 CSS 文件中，或导入到 HTML 文件的<style></style>标记对中。该语句必须放在<style></style>标记对中的开始部分，并以分号（;）结束。

注：每种方式都有自己的优点和缺点，请根据实际情况选择。

（3）样式规则定义中使用了 HTML 选择符 ul，表示对 ul 元素进行样式设置。样式规则定义中的选择符用来决定哪些元素受到影响，有三种主要类型：HTML 选择符、CLASS 选择符、id 选择符，以及在这三种基础上扩充的其他选择符。

1）HTML 选择符，就是 HTML 标记名，如：h1、p、li 等。如果在 CSS 中将某个 HTML 标记名定义成了选择符，那么在 CSS 应用的网页中，所有的这个 HTML 标记内的元素都会按照相应的样式规则定义语句来显示。

2）CLASS 选择符（类选择符），是将 HTML 标记的 class 属性值（类名）作为选择符。定义类选择符时需要在“类名”前加点（.）。使用类选择符定义的样式规则对所有 HTML 标记中定义了 class 属性，且属性值为该“类名”的 HTML 元素起作用。如：

```
<p class="stop">第一段文字</p>
<p class="warning">第二段文字</p>
<p class="normal">第三段文字</p>
<h2 class="normal">二级标题</h2>
```

定义了三种类别的段落，类名分别为 stop、warning、normal。样式规则定义如下：

```
<style type="text/css">
.stop{color:red;}                /*对所有类名为 stop 的元素起作用*/
p.warning{color:yellow;}         /*对类名为 warning 的<p>内元素起作用*/
.normal{color:green;}            /*对所有类名为 normal 的元素起作用，第三段和二级标题*/
h2.normal{color:blue;}           /*对类名为 normal 的<h2>标记内元素起作用*/
</style>
```

其中“.类名”称为独立类选择符，对所有定义了该类名的 HTML 标记起作用，“HTML 标记名.类名”称为关联类选择符，只对当前 HTML 标记中定义了该类名的标记起作用。

3）id 选择符，和 class 属性一样，id 也是 HTML 标记的一个可选属性，通常 class 属性是用来定义一组有共同功能或格式的 HTML 元素，而 id 属性是用来定义某一个特定的 HTML 元素。同一个 class 属性可以被许多标记使用，而一个网页文件中只能有一个元素能使用某一 id 属性值。定义 id 选择符时需要在 id 值前加#号。使用 id 选择符定义的样式规则只对具有某一 id 属性值的 HTML 元素起作用。如：

```
<p id="pdemo">一段文字</p>
<div id="divdemo">
    <p>另一段文字</p>
</div>
```

上面的代码定义了两个段落，id 名分别为 pdemo、divdemo。样式规则定义如下：

```
<style type="text/css">
#pdemo{color:red;}               /*只对 id 值为 pdemo 的元素起作用*/
#divdemo{color:yellow;}          /*只对 id 值为 divdemo 的元素起作用*/
</style>
```

4）关联选择符。是指一个用空格隔开的两个或多个单一选择符所组成的字符串，具有包含关系，如：

```
p h2{background:yellow;}
```

其中的“p h2”为关联选择符，表示段落中二级标题的背景为黄色。

5）组合选择符号。为了减少样式表的重复声明，可以在一条样式规则定义语句中组合若干个选择符，每个选择符之间用逗号（,）隔开，如：

```
h1,h2,h3,p,li,a{color:yellow;}
```

这个定义能让 h1、h2、h3、p、li、a 这六个 HTML 元素内容都显示为黄色。

6）伪元素选择符（伪类）。是指对同一 HTML 元素的各种状态和其所包括的部分内容的一种定义方式。例如，对于超链接标记<a></a>的正常状态（没有任何动作前）、访问过的状态、选中状态、光标移到超链接文本上的状态，对于段落的首字母和首行，都可使用伪元素选择符来定义。常用的伪元素选择符如表 3-1 所示。

表 3-1　伪元素选择符

伪元素选择符	状态或内容说明	伪元素选择符	状态或内容说明
a:link	超链接正常状态（没有任何动作前）	p:first-line	段落中的第一行文本
a:visited	访问过的状态	p:first-letter	段落中的第一个字母
a:hover	光标移到超链接文本上的状态		
a:active	选中超链接的状态		

（4）margin 属性和 padding 属性是 CSS 盒模型中的属性（将在后面的实训中讲解）。其中，margin 属性表示块级元素（如<p>、<h1>、<div>、<ul>、<li>等）的外边距，padding 属性表示块级标记的内边距，默认情况下无序列表是有外边距和内边距的，为了控制导航菜单的显示效果将其设置为 0px，即去掉内外边距（当然也可以根据实际需要自行添加）。

（5）通过列表属性设置语句“list-style-type:none;”去掉列表的项目符号。CSS 列表属性主要包括列表的排列方式、列表符的形式和位置，如表 3-2 所示。

表 3-2　列表属性

属性	属性功能	属性取值	属性值功能
list-style-type	设置列表符号或编号	disc circle square decimal lower-roman upper-roman lower-alpha upper-alpha none	实心圆点 空心圆圈 小黑方块 数字排序 1 2 3… 小写罗马数字排序 i ii iii… 大写罗马数字排序 I II III… 小写字母排序 a b c …. 大写字母排序 A B C … 不显示符号或编号
list-style-image	设置图像列表	url（相对路径、绝对路径） none（默认值）	使用图片作为列表符号 不使用图片式的列表符号
list-style-position	设置列表符号缩进	inside outside（默认值）	列表符号不向外凸出 列表符号向外凸出

程序 3-3 在浏览器中的运行效果如图 3-6 所示。

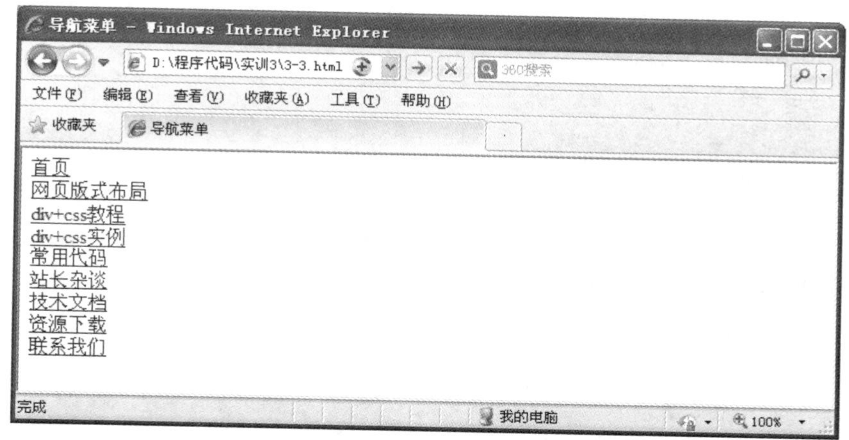

图 3-6　调整过程效果图

图 3-6 中导航文字内容距离浏览器左边框和上边框存在一定的空白，这就是 body 默认的外边距。可以在样式表中添加样式规则“body{margin:0px;}”，清除网页的外边距，代码如下：

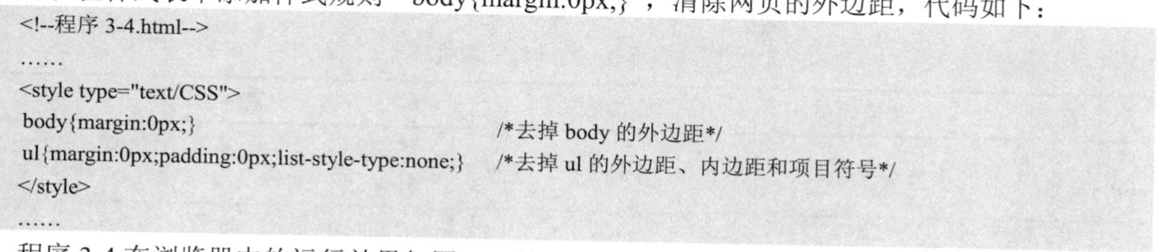

```
<!--程序 3-4.html-->
……
<style type="text/CSS">
body{margin:0px;}                                        /*去掉 body 的外边距*/
ul{margin:0px;padding:0px;list-style-type:none;}         /*去掉 ul 的外边距、内边距和项目符号*/
</style>
……
```

程序 3-4 在浏览器中的运行效果如图 3-7 所示。

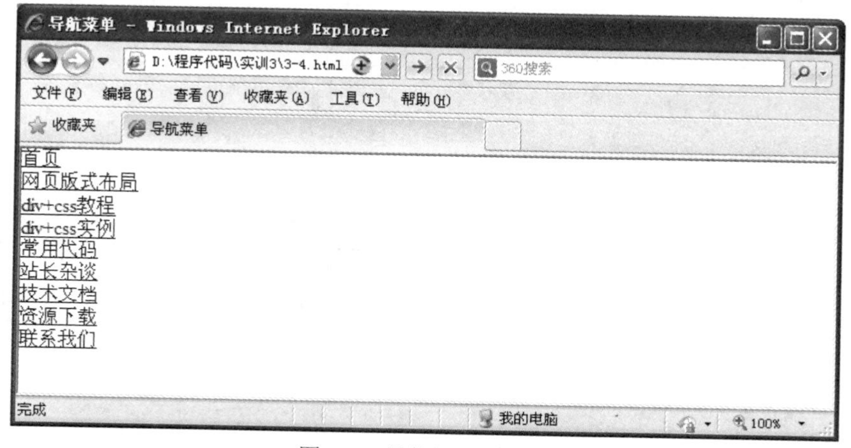

图 3-7　导航运行效果图

步骤 3：

设置超链接效果，在<style></style>标记对之间继续添加 a 选择符的样式规则，代码如下：

```
<!--程序 3-5.html-->
……
<style type="text/css">
```

```
……
a{
        text-decoration:none;
        color:#D84700;
        font-weight:bold;
        font-size:12px;
        display:block;
        width:107px;
        height:39px;
        background:url(images/nav_bg_01.jpg) 0 0 no-repeat;
        text-align:center;
        line-height:39px;
}
</style>
……
```

说明：

（1）样式规则定义中使用的 text-decoration、color、font-weight、font-size 属性均属于文字样式属性。文字样式属性主要包括文字的字体、大小、颜色、显示效果等基本样式，属性的取值及功能说明如表 3-3 所示。

表 3-3　文字样式属性

属性	属性功能	属性取值	属性值功能
font-family	设置字体	字体 1，字体 2…	若第一种字体不能显示，浏览器自动使用第二种字体
font-size	设置字号	绝对大小（px，pt 等） 相对大小（百分比或 em）	设置精确的大小，如 16px 设置相对于父元素的大小，如 1.5em
font-style	设置字体样式	normal italic	显示为浏览器的默认样式 显示为斜体效果
font-weight	设置字体粗细	normal（默认值） bold bolder lighter 100～900	显示为浏览器的默认样式 粗体 粗体再加粗 比默认还细 数字越小字体越细，数字越大字体越粗
font-variant	设置字体变体	normal（默认值） small-caps	显示为浏览器的默认样式 英文字母显示为小型的大写字母
text-transform	设置字母大小写	capitalize uppercase lowercase none（默认值）	单词首字母大写 所有字母转换为大写 所有字母转换为小写 正常
text-decoration	设置文字效果	underline overline line-throuth none	文字下加下划线 文字上加上划线 文字中间加删除线 无线

续表

属性	属性功能	属性取值	属性值功能
color	设置文本颜色	英文颜色名称 #rrggbb	用 CSS 内定颜色 用 RGB 值
font	设置综合字体属性	font-style font-weight font-variant font-size/ line-height font-family	属性与属性之间用空格分隔；前三属性次序不定或省略；大小和字体必须显示指定且有序，字体有多个可以用逗号分隔；若有行高，必须出现在大小后面，中间用斜杠分隔

（2）display 属性为 CSS 布局属性，用于指定元素在网页中将如何放置。常用的布局属性如表 3-4 所示。display 属性值为 block，目的是将 HTML 元素 a 转换成块级元素。在 html 中元素被分为两类，一类是块级元素，一类是内联元素。块级元素：就是一个方块，像段落一样，默认占据一行出现，即前后都有换行；内联元素：又叫行内元素，顾名思义，只能放在行内，就像一个单词，不会造成前后换行，起辅助作用。可以用 CSS 的属性值对“display:inline”将块级元素改变为内联元素，也可以用“display:block”将内联元素改变为块级元素。因为超链接标记<a>为行内元素，此处必须转换为块级元素，否则无法设置超链接标记的高度和宽度。

表 3-4 布局属性

属性	属性功能	属性取值	属性值功能
display	设置元素显示状态	block inline list-item none	块级显示，即前后都有换行 内联（行内）显示，即前后没有换行 目录列表 不现实元素（不占用元素位置）
visibility	设置元素可见状态	inherit visible hidden	继承父层的显示属性 显示元素 隐藏元素（占用元素位置）
float	设置其他文本如何环绕该元素	left right none	文本浮在元素左边 文本浮在元素右边 元素左右两边不允许有文本
clear	控制是否允许其他对象漂浮在该元素的旁边	left right none both	不允许左边有浮动对象 不允许右边有浮动对象 允许两边有浮动对象 不许有浮动对象
overflow	设置如果元素中的内容超出了元素的大小时如何处理	visible hidden scroll auto	增加元素显示空间，显示所有内容 保持元素显示空间大小，不显示超出部分 总是显示滚动条 内容超出元素的显示空间时，才显示滚动条

（3）width 属性和 height 属性用来设置 a 元素（已被转化为块级元素）的宽度和高度，宽度值和高度值应该和前面提供的背景图片大小一致。

（4）background 是 CSS 的背景属性，用来设置超链接默认状态下的背景图片。其中，url():

指定背景图片的相对路径；0 0：表示背景图片的位置，从左上（left,top）位置显示；no-repeat：表示背景图片不平铺。这是背景属性的综合属性设置，属性值之间必须以空格分隔。背景属性主要包括背景颜色、背景图像以及背景图像的控制，如表 3-5 所示。

表 3-5　背景属性

属性	属性功能	属性取值	属性值功能
background-color	设置背景颜色	颜色关键字 RGB 值 transparent（默认值）	用英文颜色名称设置颜色 用 RGB 值设置颜色 透明背景颜色
background-image	设置背景图片	url（相对路径、绝对路径） none	背景图片的路径 不加载图片
background-attachment	设置背景附件	scroll fixed	背景图片随滚动条移动而移动 背景图片不随滚动条移动而移动
background-repeat	设置重复背景图片	repeat（默认值） repeat-x repeat-y no-repeat	背景图片在水平和垂直方向平铺 背景图片在水平方向平铺 背景图片在垂直方向平铺 背景图片不平铺
background-position	设置背景图片位置	百分比（水平 垂直） 长度（水平 垂直） 关键字（水平 垂直）	水平位置值、垂直位置值 水平位置值、垂直位置值 水平方向（left，center，right） 垂直方向（top，center，bottom）
background	设置背景综合属性		颜色、图像、重复、附件、位置

（5）“text-align:center;”语句：设置超链接文本水平居中对齐；“line-height:39px;”语句：设置行高为 39 像素，目的是将导航中的文字在垂直方向上居中对齐。通常为了实现文字在块级元素中垂直居中对齐，我们需要将这个属性的值与块级元素的高度值设为相同，来实现垂直居中的效果。text-align 属性和 line-height 属性为 CSS 排版样式属性，常用的排版样式属性如表 3-6 所示。

表 3-6　排版样式属性

属性	属性功能	属性取值	属性值功能
line-height	设置文本所在行的行高	normal（默认值） 比例（倍数） 长度单位 百分比	正常 相对于元素 font-size 的几倍大小 相对或绝对高度 百分比高度
text-align	设置水平对齐	left（默认值） right center	左对齐 右对齐 居中对齐
vertical-align	设置垂直对齐	top middle bottom sub super	顶端对齐 居中对齐 底端对齐 下标 上标

续表

属性	属性功能	属性取值	属性值功能
letter-spacing	设置字符间距	normal（默认值） 长度单位（绝对，相对）	正常 设置绝对或相对长度
word-spacing	设置单词间距	normal（默认值） 长度单位（绝对，相对）	正常 设置绝对或相对长度
text-indent	设置首行缩进	长度单位（绝对，相对） 百分比	首行缩进绝对或相对长度 首行缩进百分比

程序 3-5 在浏览器中的运行效果如图 3-8 所示。

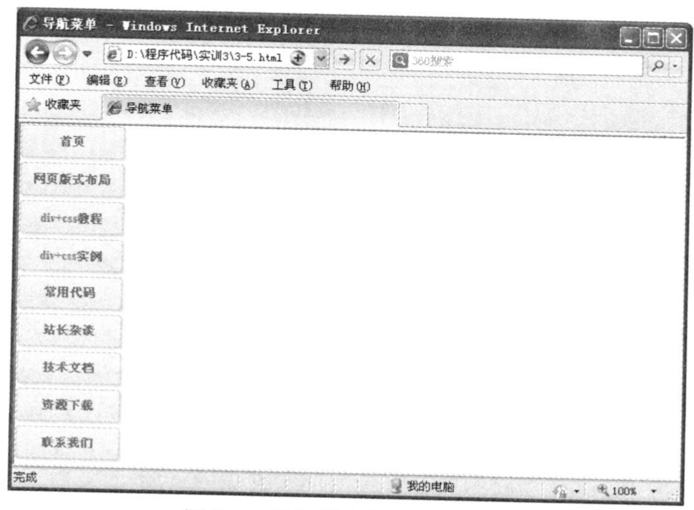

图 3-8　添加样式的导航效果图

步骤 4：

通过 CSS 伪元素选择符（见表 3-1）设置导航菜单在鼠标移动到链接之上的效果。在<style></style>标记对之间继续添加 a 标记的伪类 CSS 样式，当鼠标移动到超链接之上时更换背景图片。代码如下：

```
<!--程序 3-6.html-->
……
<style type="text/css">
……
a:hover{background:url(images/nav_bg_02.jpg) 0 0 no-repeat;}
</style>
……
```

说明：

（1）a:hover：表示当鼠标经过或移至超链接之上时，超链接所显示的效果，通过 background 属性为超链接更换背景图片。

（2）伪元素选择符使得用户体验大大提高，如：我们可以设置鼠标移上时改变颜色或下划线等属性来告知用户这个是可以点击的，设置已访问过的链接的颜色变灰暗或加删除线告知用户这个链接的内容已访问过了。四种状态的应用代码如下：

```
a:link {color: #FF0000}          /* 未访问的链接状态 */
a:visited {color: #00FF00}       /* 已访问的链接状态 */
a:hover {color: #FF00FF}         /* 鼠标移动到链接上的状态 */
a:active {color: #0000FF}        /* 选定的链接状态 */
```

注：四种状态同时定义时，注意使用的顺序，不能颠倒，否则有些效果不会生效。

程序 3-6 在浏览器中的运行效果如图 3-9 所示。

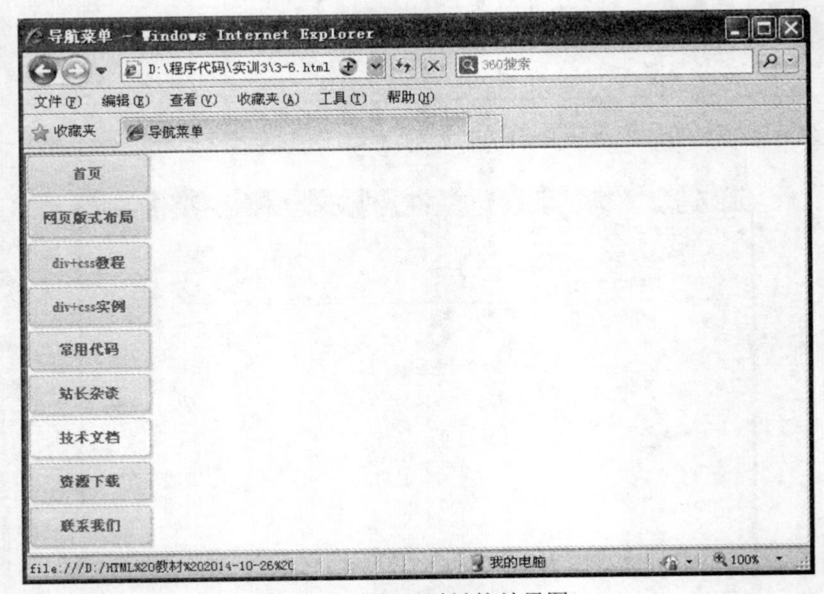

图 3-9 鼠标经过链接效果图

当鼠标移动到“技术文档”链接上时，背景图片换成了另一张。

3.5 总结与思考

网页文件的最大魅力是超越各个文件的空间，通过超链接相互连接构成一个纷繁复杂的互联网世界。超链接（Hyperlink）是一个网站的精髓，超链接在本质上属于网页的一部分，它是一种允许一个网页同其他网页或站点之间进行链接的元素。各个网页链接在一起后，才能真正构成一个网站。超链接除了可链接文本外，也可链接各种媒体，如声音、图像和动画等，通过它们可以将网站建设成一个丰富多彩的多媒体世界。

根据前面介绍的导航菜单效果，完成如图 3-10 所示的横向导航菜单的制作。

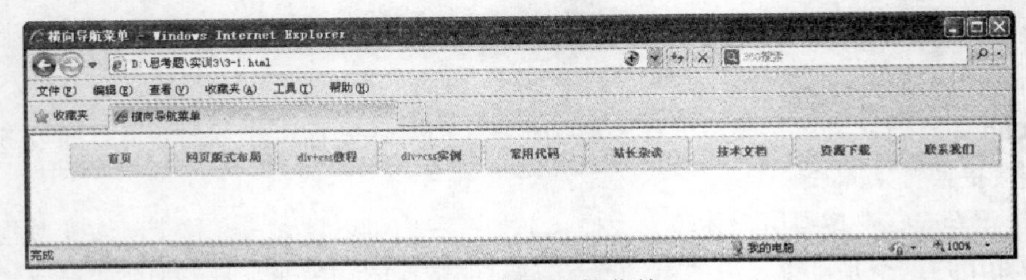

图 3-10 横向导航菜单

实训四 制作个人相册

4.1 实训目标

- 掌握<img>标记
- 了解<bgsound>标记及其属性
- 理解盒模型的概念

4.2 实训内容

文字是网页中最重要的元素，图像、声音也是网页中必不可少的元素。直观、明了、绚丽多彩的图片往往会给网页带来很大的生机，能丰富网页的信息内容，增强网页的表现能力。本次实训内容主要利用图像标记<img>制作个人相册，为了使个人相册的制作效果更加美观，结合使用了DIV、无序列表、超链接以及CSS样式表来制作精美的个人相册。

4.3 实训效果

个人相册运行效果如图4-1所示。

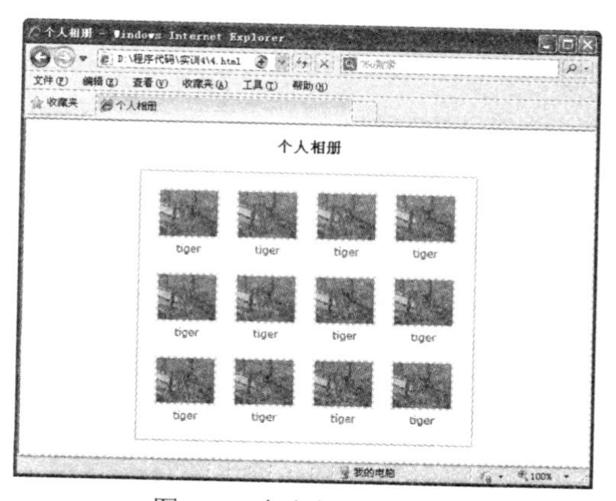

图4-1　个人相册效果图

4.4 实现过程

任务 1：编辑个人相册

步骤 1：

创建站点文件夹，实训站点文件夹为“实训 4”，并在该站点文件夹下面创建 images 文件夹，将前面准备好的图片素材复制到 images 文件夹下。

步骤 2：

打开编辑环境，创建 HTML 文档 4-1.html，并保存到指定站点文件夹下面，结构如图 4-2 所示。

图 4-2　站点结构图

步骤 3：

在 4-1.html 文档中输入 HTML 文档的基本结构，并修改标题为“个人相册”，代码如下：

```
<!--程序 4-1.html-->
<html>
<head>
<title>个人相册</title>      <!--设置网页标题-->
</head>
<body>
<!--此处为网页显示内容-->
</body>
</html>
```

步骤 4：

创建个人相册内容。首先在页面中添加一级标题文字“个人相册”，并居中显示。然后使用<div>标记作为相册的外框，<img>标记添加图片，无序列表和超链接控制图片的显示方式和效果，并使用<bgsound>标记为页面添加背景音乐。即在<body></body>标记之间添加如下代码：

```
<!--程序 4-2.html-->
......
    <h1 align="center">个人相册</h1>
    <div id="layout">
     <ul>
        <li>
         <a href="#"><img src="images/tiger.JPG" width="68" height="54" />tiger</a>
       </li>
```

```
        <li>
          <a href="#"><img src="images/tiger.JPG" width="68" height="54" />tiger</a>
        </li>
        <li>
          <a href="#"><img src="images/tiger.JPG" width="68" height="54" />tiger</a>
        </li>
        <li>
          <a href="#"><img src="images/tiger.JPG" width="68" height="54" />tiger</a>
        </li>
        <li>
          <a href="#"><img src="images/tiger.JPG" width="68" height="54" />tiger</a>
        </li>
        <li>
          <a href="#"><img src="images/tiger.JPG" width="68" height="54" />tiger</a>
        </li>
        <li>
          <a href="#"><img src="images/tiger.JPG" width="68" height="54" />tiger</a>
        </li>
        <li>
          <a href="#"><img src="images/tiger.JPG" width="68" height="54" />tiger</a>
        </li>
        <li>
          <a href="#"><img src="images/tiger.JPG" width="68" height="54" />tiger</a>
        </li>
        <li>
          <a href="#"><img src="images/tiger.JPG" width="68" height="54" />tiger</a>
        </li>
        <li>
          <a href="#"><img src="images/tiger.JPG" width="68" height="54" />tiger</a>
        </li>
        <li>
          <a href="#"><img src="images/tiger.JPG" width="68" height="54" />tiger</a>
        </li>
      </ul>
</div>
<bgsound src="sound/apple.mp3" loop="-1"/>
......
```

说明：

（1）个人相册最终效果为 3 行 4 列布局的 12 张图片，代码中只使用了同一张图片和描述。

（2）<div>标记属于块级标记，是网页制作中常用的标记，更是 DIV+CSS 布局技术中不可缺少的标记。<div>可以用来调用所有的样式属性。CSS-P 属性主要用在<div>标记上，当把文字、图像或其他的元素放在<div>标记中时，就可以称之为 DIV block，或 CSS-layer，或干脆叫 layer。对应的中文意思就是“层”，“层”就是页面上的一块区域，其中可以包含任何 HTML 元素，通过改变层的属性，嵌套在其中的元素可以随之出现、消失、更改、移动等。代码中为<div>标记添加了 id 属性，值为 layout，目的是在 CSS 样式表中通过 ID 选择符对<div>标记（包括标记内的其他元素）进行位置和样式控制。

（3）<img>标记用来在网页中添加图片。src 属性是必须的，用来指定所显示图片的路径。除了 src 属性，其他属性都是可以省略的。width 属性和 height 属性用来指定图像在网页中显示的宽度和高度（图像可能会被拉伸或压缩），若未指定这两个属性，则图像将按照原始大小显示。<img>标记常用的属性如表 4-1 所示。

表 4-1　<img>标记的常用属性及功能说明

属性	描述	属性	描述
src	指定图像的路径	hspace	指定图像的水平间距
width	指定图像的显示宽度	vspace	指定图像的垂直间距
height	指定图像的显示高度	alt	指定图像不能正常显示时的说明文字
align	指定图像的对齐方式	title	指定鼠标放在图像上时的说明文字
border	指定图像的边框大小		

注：<img>标记为单标记，可以在“>”前使用“/”关闭该标记，即<img/>。

（4）定义<a></a>标记对将所有图片设置为超链接，并定义无序列表，将所有的图像链接放置在<li></li>标记对中，作为无序列表的列表项。

（5）<bgsound/>标记为网页添加背景音乐，其中 src 属性是必须的，用于指定背景音乐所在的路径，loop 属性用于指定该背景音乐的播放次数，值为-1 或 infinite 表示无限次，其值为正整数时代表播放次数。

程序 4-2 在浏览器中的运行效果如图 4-3 所示。

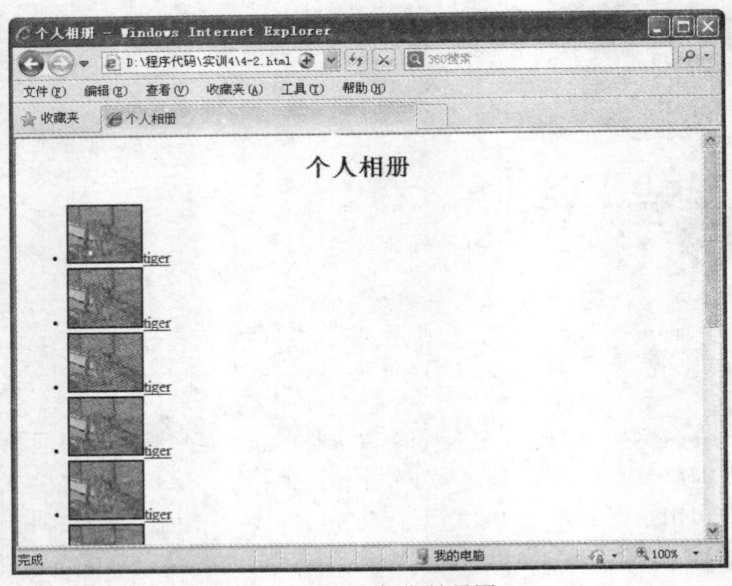

图 4-3　相册初期效果图

任务 2：美化个人相册

步骤 1：

定义内部样式表，通过对 body 和 ul 的样式定义，设置<body>和<ul>的显示效果。在<head>

和</head>标记之间添加<style></style>标记，并添加样式规则定义。CSS 代码如下：

```
<!--程序 4-3.html-->
……
<style type="text/css">
    /*去掉 body 的外边距*/
    body{margin:0px; font-size:12px; font-family:Verdana; line-height:1.5;}
    /*去掉 ul 的外边距、内边距和项目符号*/
    ul{margin:0px;padding:0px; list-style-type:none;}
</style>
……
```

说明：

（1）body 是 CSS 中的 HTML 标记选择符，代表<body>标记，表示浏览器显示的页面主体区域。样式规则“margin:0px;”去掉了页面的外边距，样式规则“font-size:12px;font-family:Verdana; line-height:1.5;”设置页面中文字为 12 像素大小、Verdana 字体，行高为 1.5 倍。

（2）ul 为无序列表<ul>，通过 margin 属性和 padding 属性去掉列表的外边距和内边距，list-style-type 属性值为 none，用于去掉列表的项目符号。

（3）盒模型的概念。margin 和 padding 是 CSS 盒模型中的属性。在 CSS 中，将样式应用在每一个元素上，都以一个假想的矩形盒子模型看待。简单地说，就是将每一个元素都当作一个长方形的盒子，每一个盒子都有内容（content）、填充（padding）、边框（border）、边界（margin）这四个方面。可以通过 CSS 盒模型中的 margin 属性、border 属性以及 padding 属性设置元素与网页之间的空白距离，元素边框的宽度、颜色、样式，以及元素内容与边框之间的空白距离等。如图 4-4 所示为上述四者之间的相互关系。

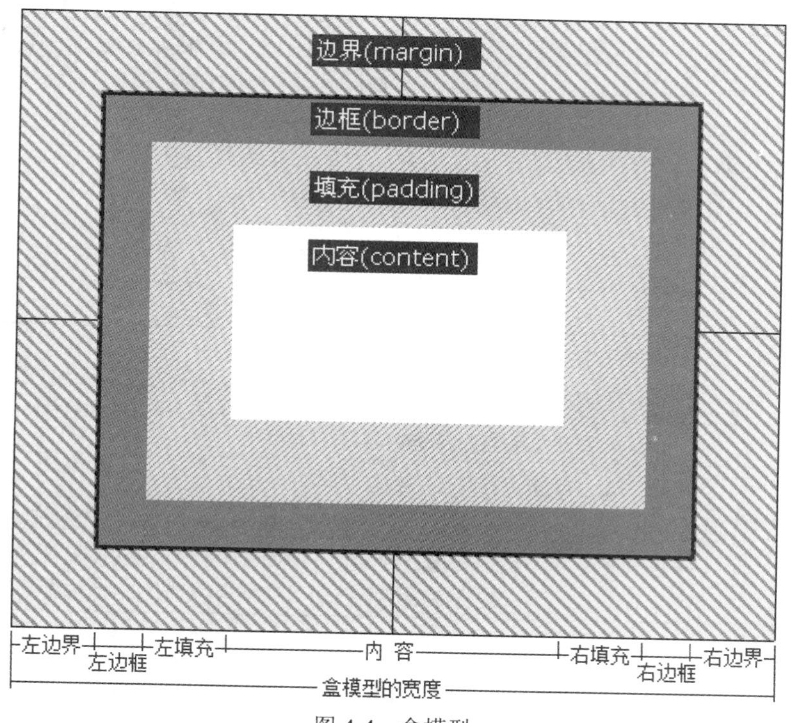

图 4-4　盒模型

图中底部的标注在其他三个方向上同理。整个盒模型（即：某个 HTML 元素）在页面中所占的宽度是："左边界+左边框+左填充+内容+右填充+右边框+右边界"，同理，所占的高度是："上边界+上边框+上填充+内容+下填充+下边框+下边界"。而 CSS 样式中的 width 和 height 属性定义的只是内容部分的宽度和高度。

1）设置边界。

边界 margin 也称为外边距、外补丁或外边界，它的 4 个属性主要是控制元素边界与网页其他内容的空白距离，4 个边界一般按顺时针方向，即上、右、下、左的顺序分别为上边界（margin-top）、右边界（margin-right）、下边界（margin-bottom）、左边界（margin-left）四个属性，如表 4-2 所示。

表 4-2　margin 类属性

属性	描述
margin-top	设置元素的上边界与其他元素之间的空隙大小
margin-right	设置元素的右边界与其他元素之间的空隙大小
margin-bottom	设置元素的下边界与其他元素之间的空隙大小
margin-left	设置元素的左边界与其他元素之间的空隙大小
margin	对上面四个属性的缩写，可以给出 1～4 个值，中间由空格分隔。若提供 1 个值则代表 4 个方向；提供 2 个值则分别代表上下、左右；提供 3 个值则分别代表上、左右、下；提供 4 个值则按顺时针方向分别代表上、右、下、左

如下代码阐述了 margin 属性的应用：

```
body{margin:5px;}               /*所有外边界设置为 5 像素*/
p{margin:5px 8px;}              /*上和下外边界为 5 像素，左和右外边界为 8 像素*/
div{margin:5px 6px 7px;}        /*上边界为 5 像素，左和右边界为 6 像素，下边界为 7 像素*/
ul{margin:5px 6px 7px 8px;}     /*上、右、下、左边界分别为 5、6、7、8 像素*/
```

2）设置填充。

填充 padding 也称为内边距、内补丁或内边界，它的 4 个属性主要是控制元素边界与内部内容之间的空白距离，属性及设置方法同 margin，如表 4-3 所示。

表 4-3　padding 类属性

属性	描述
padding-top	设置元素的上边界与内部内容之间的空隙大小
padding-right	设置元素的右边界与内部内容之间的空隙大小
padding-bottom	设置元素的下边界与内部内容之间的空隙大小
padding-left	设置元素的左边界与内部内容之间的空隙大小
padding	对上面四个属性的缩写，可以给出 1～4 个值，中间由空格分隔。若提供 1 个值则代表 4 个方向；提供 2 个值则分别代表上下、左右；提供 3 个值则分别代表上、左右、下；提供 4 个值则按顺时针方向分别代表上、右、下、左

3）设置边框。

对元素的边框 border 可以进行样式、颜色、粗细等属性的设置，每种属性都包含上、右、下、左四个方向。

①边框样式属性 border-style，用于设置元素边框的不同显示风格，是边框样式的综合属性。基本语法如下：

```
border-style:样式值（可以设置 1~4 个值）
border-top-style:样式值
border-right-style:样式值
border-bottom-style:样式值
border-left-style:样式值
```

元素边框的样式取值说明如表 4-4 所示。

表 4-4　元素边框的样式取值说明

样式值	说明	样式值	说明
none	不显示边框，为默认值	groove	凹型线
dotted	点线	ridge	凸型线
dashed	虚线	inset	嵌入式
solid	实线	outset	嵌出式
double	双直线		

②边框宽度属性 border-width，用于设置元素边框的宽度，是边框宽度的综合属性。设置方法和边框样式一样。基本语法如下：

```
border-width:样式值（可以设置 1~4 个值）
border-top-width:长度单位
border-right-width:长度单位
border-bottom-width:长度单位
border-left-width:长度单位
```

③边框颜色属性 border-color，用于设置元素边框的颜色，是边框颜色的综合属性。设置方法和边框样式一样。基本语法如下：

```
border-color:颜色关键字|RGB 值（可以设置 1~4 个值）
border-top-color:颜色关键字|RGB 值
border-right-color:颜色关键字|RGB 值
border-bottom-color:颜色关键字|RGB 值
border-left-color:颜色关键字|RGB 值
```

④边框属性综合设置 border，用于同时设置边框的样式、宽度和颜色，也可以另外对每个边界属性单独进行设置。基本语法如下：

```
border:边框宽度 | 边框样式 | 边框颜色（所有边框）
border-top:上边框宽度 | 上边框样式 | 上边框颜色
border-right:右边框宽度 | 右边框样式 | 右边框颜色
border-bottom:下边框宽度 | 下边框样式 | 下边框颜色
border-left:左边框宽度 | 左边框样式 | 左边框颜色
```

如下代码阐述了 border 属性的综合应用：

```
.p1{border:2px solid #ff0000}                /*四个边框均为宽 2px，实线，红色*/
.p2{border-top:4px dotted #00ff00}           /*上边框为宽 4px，点线，绿色*/
.p3{ border-bottom:4px dotted #0000ff}       /*下边框为宽 4px，点线，蓝色*/
```

程序 4-3 在浏览器中运行的效果如图 4-5 所示。

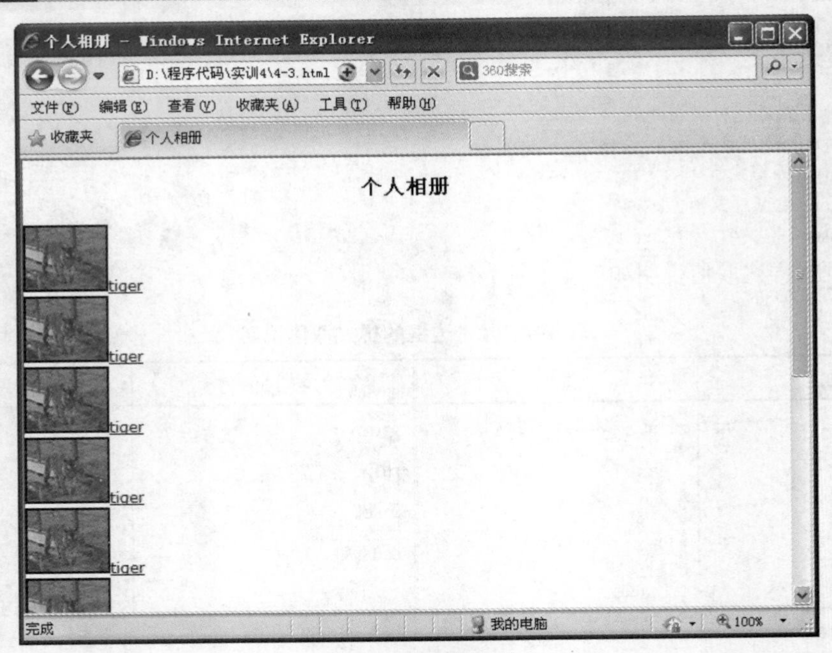

图 4-5 去掉边界和填充的效果图

步骤 2：

设置图片显示效果，当图片被设置为超链接后，会自动显示图片的默认边框，为了不影响欣赏效果，需要将图片的默认边框去掉，可以直接在<img/>标记中添加属性 border，并设置值为 0，或者通过 CSS 样式将边框去掉，CSS 代码如下：

```
<!--程序 4-4.html-->
……
<style type="text/css">
……
img { border:0px;}
</style>
……
```

说明：

border 属性是边框属性的综合应用，设置图片元素上、右、下、左四个方向的边框宽度均为 0 像素。

程序 4-4 在浏览器中运行的效果如图 4-6 所示。

步骤 3：

设置超链接文字样式，通过 CSS 属性设置，代码如下：

```
<!--程序 4-5.html-->
……
<style type="text/css">
……
a { color:#05a; text-decoration:none;}
a:hover { color:#f00;}
</style>
……
```

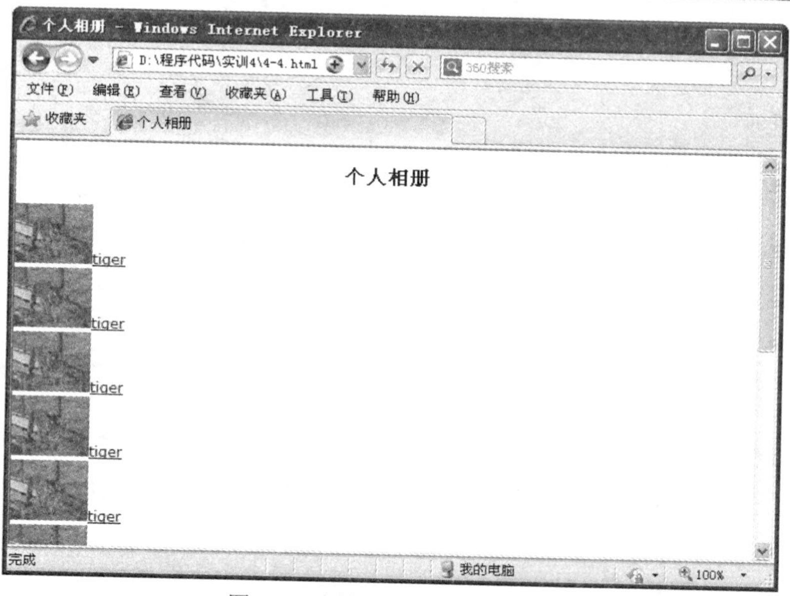

图 4-6　去掉图片边框的效果图

说明：

（1）样式表中的 HTML 选择符 a 代表了页面中的所有<a>标记，即所有的超链接将按此状态进行显示。

（2）通过 color 属性设置超链接正常状态下的文字颜色为“#05a”，通过将 text-decoration 属性设置为 none 值，去掉超链接文字的下划线。

（3）通过伪元素选择符“a:hover”设置鼠标经过超链接时文字的颜色为红色。

程序 4-5 在浏览器中的运行效果如图 4-7 所示。

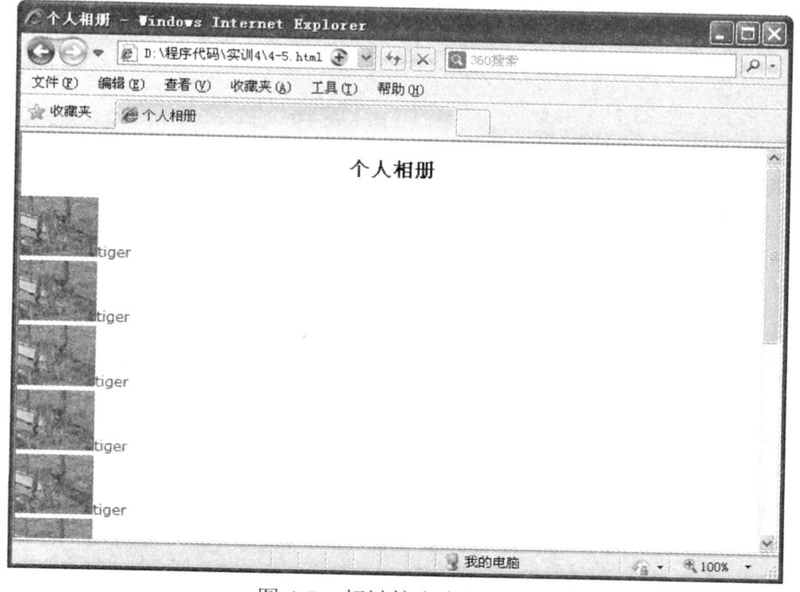

图 4-7　超链接文字效果图

步骤 4:

设置相册在页面水平居中的位置显示及边框样式，即<div>标记的位置和样式，代码如下：

```
<!--程序 4-6.html-->
……
<style type="text/css">
……
#layout { width:390px; margin:0px auto;border:2px solid #ccc; padding-bottom:20px; }
</style>
……
```

说明:

（1）layout 为<div>标记的 id 属性值，即作为 CSS 样式的 id 选择符，对<div>标记进行样式控制。

（2）<div>的宽度默认为浏览器窗口 100%的宽度，通过宽度属性设置<div>宽度为 390px；高度未设置，会自适应高度，即取决于内容的高度；通过边框属性设置四面边框均为 2px，实线，灰色；通过填充属性设置底部内填充为 20px。

（3）样式规则“margin:0px auto;”，通过边界属性设置上下边界为 0px，左右为边界为 auto，便可以实现<div>标记在页面水平方向上居中显示。

程序 4-6 在浏览器中的运行效果如图 4-8 所示。

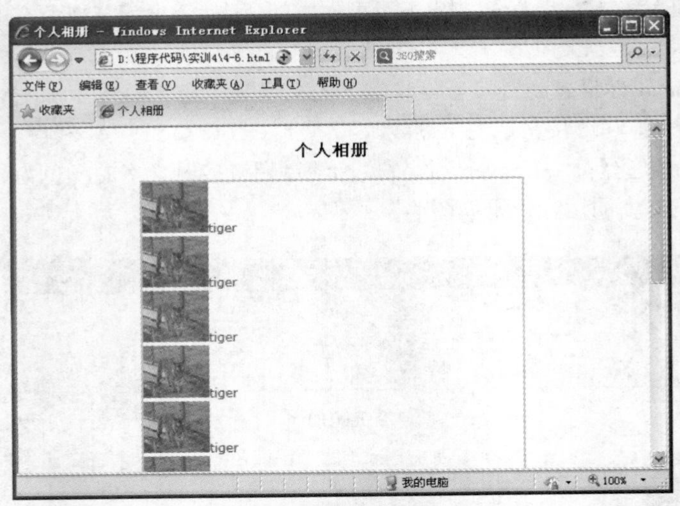

图 4-8　相册居中显示效果图

步骤 5:

设置个人相册中图片的排列效果，一行显示四张图片，这要通过 CSS 属性对无序列表的列表项进行控制，CSS 代码如下：

```
<!--程序 4-7.html-->
……
<style type="text/css">
……
#layout ul li { width:72px; text-align:center; float:left; margin:20px 0px 0px 20px; display:inline; }
</style>
……
```

说明：

（1）样式中使用了关联选择符“#layout ul li”，即由空格分隔的多个选择符，表示一种包含关系。样式中对<div>标记中<ul>中的<li>标记也进行样式设置。

（2）设置<li>的宽度为 72px，上左外边界为 20px，右下边界为 0px，并设置<li>中的文字水平居中显示。

（3）float 属性为 CSS 布局属性（如表 3-4 所示）。属性值为 left 会让 li 元素向左进行浮动，即 li 元素左对齐，并且所有的 li 元素会水平排列，并在<div>标记内自动换行。

注： li 元素默认为块级元素，但浮动之后转换为行内元素，会按指定的宽度进行显示。

（4）样式规则“display:inline;”是为了兼容 IE6 浏览器而加的，在高版本的浏览器中可以不加，在 IE6 浏览器中当浮动元素设置外边距时，会产生双倍边距的 bug，加上此代码即可解决。

程序 4-7 在浏览器中的运行效果如图 4-9 所示。

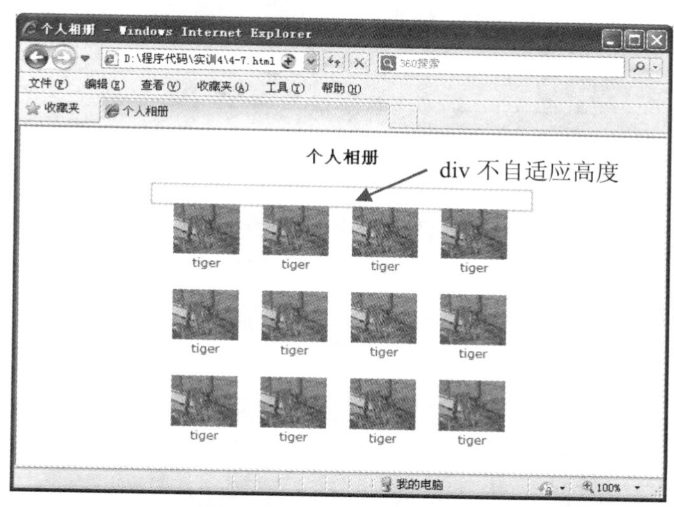

图 4-9　列表项浮动效果图

从图 4-9 中可以看出，当<li>标记（即<div>的内容）设置了浮动属性后，div 元素本身将不会自适应高度。为了解决这个问题，需要设置 div 元素的 overflow 属性：“overflow:auto;”，为了兼容 IE6 下的显示效果还应加上“zoom:1;”。修改后的“#layout”样式代码如下：

```
#layout{width:390px; margin:0px auto;border:2px solid #ccc; padding-bottom:20px; overflow:auto; zoom:1;}
```

调整后的个人相册运行效果如图 4-10 所示。

步骤 6：

至此，个人相册已初具模型，最后需要控制相册中图片的边框样式，以达到更好的观赏效果，添加如下的 CSS 样式：

```
<!--程序 4-8.html-->
……
<style type="text/css">
......
#layout ul li a img { padding:1px; border:1px solid #e1e1e1; margin-bottom:3px;}
#layout ul li a:hover img { padding:0px; border:2px solid #f98510;}
</style>
......
```

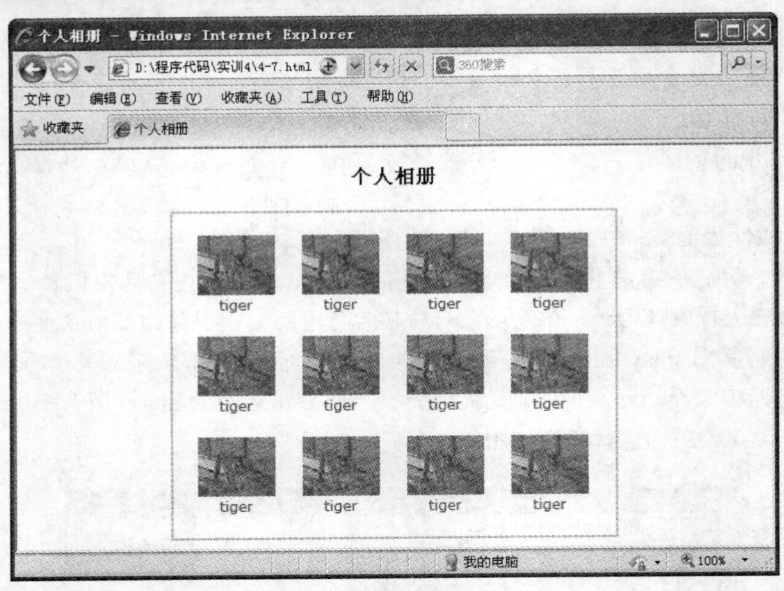

图 4-10 div 自适应效果图

说明：

（1）样式中为图片添加内边距，即设置图片与图片边框四个方向的间隙为 1px；设置图片的下边距，即让图片与文字之间产生 3px 的距离；在超链接状态下为图片添加外宽度为 1px，颜色为“#e1e1e1”的实线边框。

（2）设置当鼠标移动到图片上时图片内边距为 0，同时为图片设置了宽度为 2px、颜色为“#f98510”的实线边框。

程序 4-8 在浏览器中的运行效果如图 4-11 所示。

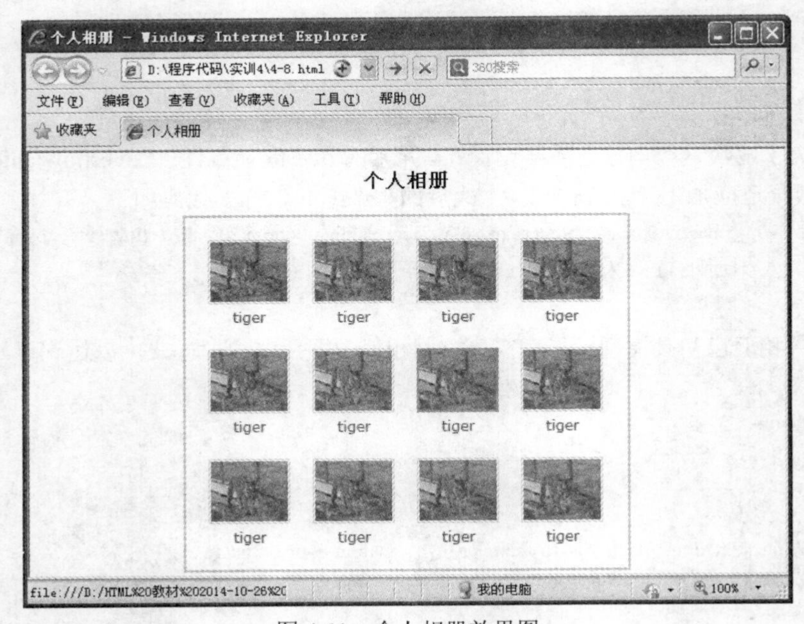

图 4-11 个人相册效果图

4.5　总结与思考

实训中介绍了插入图片标记<img>及其属性、插入背景音乐标记<bgsound>及其属性、采用超链接标记<a>插入多媒体文件等内容。这些技术对于丰富网页内容、吸引浏览者光顾网站等有很重要的作用，所以，对这些标记及其属性的使用应熟练掌握。

本实训同时介绍了 CSS 盒模型的概念以及常用的属性，并对<div>、<li>、<img>等元素进行了相应的样式控制，达到客观的效果。这些属性将在 DIV+CSS 布局中有更深入的应用。

根据所学的知识实现如图 4-12 所示的个人相册，同时实现单击小图查看大图的效果。

图 4-12　查看大图

实训五

制作成绩登记表

5.1　实训目标

- 掌握表格的各种标记及其属性
- 掌握表格行标记的属性
- 掌握表格单元格的属性
- 能灵活利用表格显示网页上的数据

5.2　实训内容

表格在网站设计中应用非常广泛，可以把相互关联的信息元素集中定位，使人一目了然。作为数据的一种组织方式，表格在网络中应用更加普遍。本实训要求利用表格制作成绩登记表，要求成绩登记表中的数据包括序号、学号、姓名、平时成绩、期末成绩及总评成绩。

5.3　实训效果

成绩登记表运行效果如图 5-1 所示。

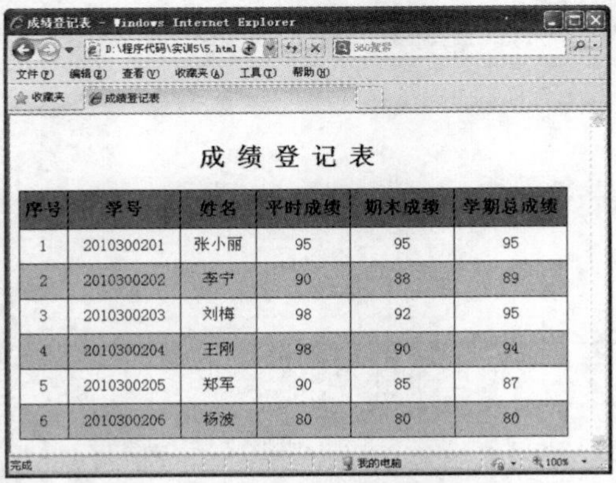
成绩登记表 - Windows Internet Explorer
成 绩 登 记 表
序号 学号 姓名 平时成绩 期末成绩 学期总成绩
1 2010300201 张小丽 95 95 95
2 2010300202 李宁 90 88 89
3 2010300203 刘梅 98 92 95
4 2010300204 王刚 98 90 94
5 2010300205 郑军 90 85 87
6 2010300206 杨波 80 80 80
完成
我的电脑
100%

图 5-1　成绩登记表效果图

5.4 实现过程

任务 1：制作成绩登记表

步骤 1：

打开编辑环境，创建 HTML 文档 5-1.html，保存到指定位置，在文档中输入 HTML 文档的基本结构，代码如下：

```
<!--框架程序.html-->
<html>
 <head>
  <title> 成绩登记表 </title>
 </head>
 <body>

 </body>
</html>
```

步骤 2：

在<body>和</body>标记之间添加表格标记。根据实训要求，需要制作 7 行 6 列的表格，并在单元格内添加要求的内容。表格代码如下：

```
<!--程序 5-1.html-->
……
   <table border="1">
     <tr>                                        <!--表格第 1 行-->
          <td >序号</td>
          <td >学号</td>
          <td >姓名</td>
          <td >平时成绩</td>
          <td >期末成绩</td>
          <td >学期总成绩</td>
     </tr>
     <tr>                                        <!--表格第 2 行-->
          <td>1</td>
          <td>2010300201</td>
          <td>张小丽</td>
          <td>95</td>
          <td>95</td>
          <td>95</td>
     </tr>
     <tr>
          <td>2</td>
          <td>2010300202</td>
          <td>李宁</td>
          <td>90</td>
          <td>88</td>
          <td>89</td>
     </tr>
```

```
    <tr>
        <td>3</td>
        <td>2010300203</td>
        <td>刘梅</td>
        <td>98</td>
        <td>92</td>
        <td>95</td>
    </tr>
    <tr>
        <td>4</td>
        <td>2010300204</td>
        <td>王刚</td>
        <td>98</td>
        <td>90</td>
        <td>94</td>
    </tr>
    <tr>
        <td>5</td>
        <td>2010300205</td>
        <td>郑军</td>
        <td>90</td>
        <td>85</td>
        <td>87</td>
    </tr>
    <tr>
        <td>6</td>
        <td>2010300206</td>
        <td>杨波</td>
        <td>80</td>
        <td>80</td>
        <td>80</td>
    </tr>
</table>
```

说明：

（1）在 HTML 文档中，表格的建立是通过运用<table>、<tr>、<td>标签来完成的。

1）<table>标记代表表格的开始，</table>标记代表表格的结束。

2）<tr>标记代表行的开始，</tr>标记代表行的结束。

3）<td></td>标记之间是单元格的内容，可以是文字，也可以是其他标记。

4）在一个表格中<tr>的个数代表表格的行数，每对<tr></tr>之间<td>的个数代表该行的单元格数。表格的主要标记如表 5-1 所示。

表 5-1　表格标记

标签	描述
<table></table>	用于定义一个表格的开始和结束
<tr></tr>	定义表格的一行，一组行标签内可以建立多组由<td>或<th>标签所定义的单元格
<td></td>	定义表格的单元格，一组<td>标签将建立一个单元格，<td>标签必须放在<tr>标签内

（2）在一个最基本的表格中，必须包含一组<table>标签、一组<tr>标签和一组<td>标签。程序 5-1 在浏览器中的运行效果如图 5-2 所示。

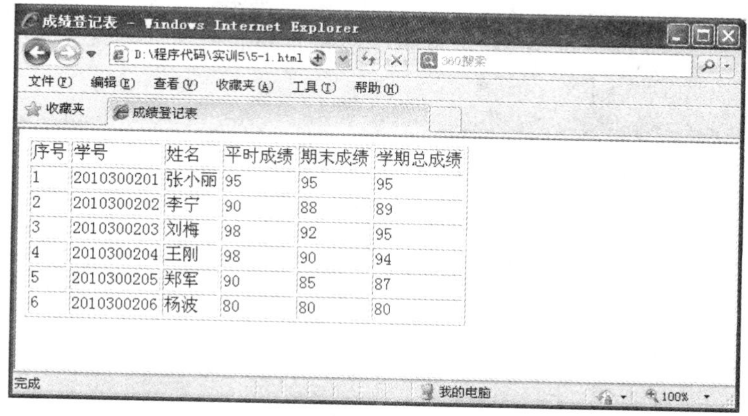

序号	学号	姓名	平时成绩	期末成绩	学期总成绩
1	2010300201	张小丽	95	95	95
2	2010300202	李宁	90	88	89
3	2010300203	刘梅	98	92	95
4	2010300204	王刚	98	90	94
5	2010300205	郑军	90	85	87
6	2010300206	杨波	80	80	80

图 5-2　成绩表

步骤 3：

添加表格标题。表格标题一般放在表格的外部上面，是对表格内容的简单说明，使用<caption>标记实现。添加在<table>标记之后，第 1 行之前。代码如下：

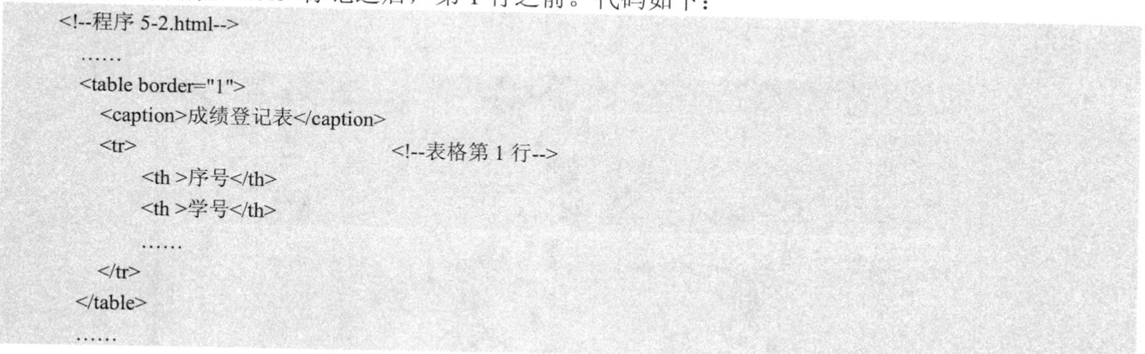

```
<!--程序 5-2.html-->
  ……
  <table border="1">
    <caption>成绩登记表</caption>
    <tr>                                    <!--表格第 1 行-->
        <th >序号</th>
        <th >学号</th>
        ……
    </tr>
  </table>
  ……
```

在程序 5-2 中，在<table>标记后面紧跟着添加了“成绩登记表”这样的标题。程序 5-2 在浏览器中的运行效果如图 5-3 所示。

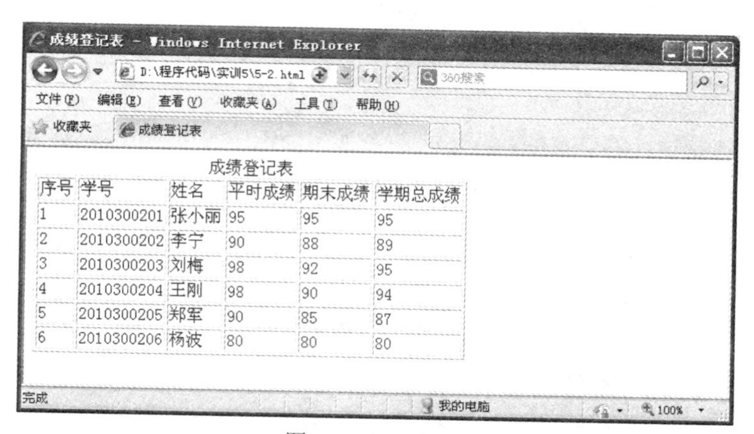

序号	学号	姓名	平时成绩	期末成绩	学期总成绩
1	2010300201	张小丽	95	95	95
2	2010300202	李宁	90	88	89
3	2010300203	刘梅	98	92	95
4	2010300204	王刚	98	90	94
5	2010300205	郑军	90	85	87
6	2010300206	杨波	80	80	80

图 5-3　添加标题

步骤 4：

添加表格表头。表头是指表格的第一行或第一列等对表格内容的说明，文字样式为居中、加粗，通过使用<th>标记实现。

注：在表格中，只要把第一行中的<td></td>改为<th></th>就可以实现表格的表头。下面的代码修改了成绩登记表的表头，使用<th>标记定义。

```
<!--程序 5-3.html-->
......
  <table border="1">
    <tr>                                    <!--表格第 1 行-->
        <th >序号</th>
        <th >学号</th>
        <th >姓名</th>
        <th >平时成绩</th>
        <th >期末成绩</th>
        <th >学期总成绩</th>
    </tr>
    ......
  </table>
......
```

程序中表格的表头分别为：序号、学号、姓名、平时成绩、期末成绩、学期总成绩。程序 5-3 在浏览器中的运行效果如图 5-4 所示。

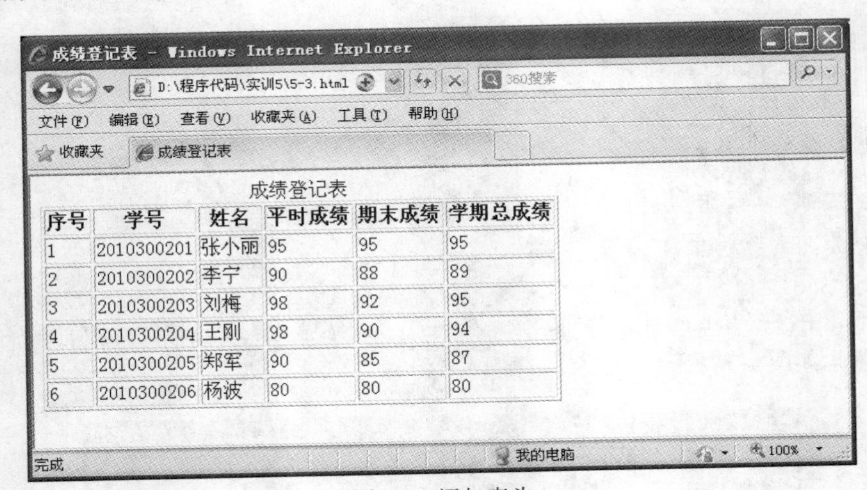

序号	学号	姓名	平时成绩	期末成绩	学期总成绩
1	2010300201	张小丽	95	95	95
2	2010300202	李宁	90	88	89
3	2010300203	刘梅	98	92	95
4	2010300204	王刚	98	90	94
5	2010300205	郑军	90	85	87
6	2010300206	杨波	80	80	80

图 5-4　添加表头

任务 2：美化成绩登记表

步骤 1：

在 html 文档开头添加文档类型说明，代码如下：

```
<!DOCTYPE html PUBLIC "-//W3C//DTD XHTML 1.0 Transitional//EN" "http://www.w3.org/TR/xhtml1/DTD/xhtml1-transitional.dtd">
```

步骤 2：

设置表格中文字样式。通过 CSS 样式美化表格中的文字。在<head></head>标记之间添加 CSS

样式代码如下：

```
<!--程序 5-4.html-->
......
  <head>
    <title>成绩登记表</title>
    <style type="text/CSS">
        caption {font-size:28px;font-weight:bold;letter-spacing:12px;line-height:2.5;}
        th { font-size:20px;font-weight:bold;line-height:2;}
        td {font-size:18px;line-height:2; }
    </style>
</head>
  ......
```

说明：

（1）程序 5-4 中，通过向 HTML 文档添加内部样式表对表格进行美化。其中<style>和</style>标记表示 CSS 样式代码的开始和结束。

（2）caption、th、td 为 CSS 中的 HTML 选择符，分别代表 HTML 文档中的<caption>、<th>、<td>标记，表示要为这几个标记的内容设置样式。

（3）font-size 表示文字的大小；font-weight 表示文字加粗；letter-spacing 表示字符的间距；line-height 表示所在行的高度。

程序 5-4 在浏览器中的运行效果如图 5-5 所示。

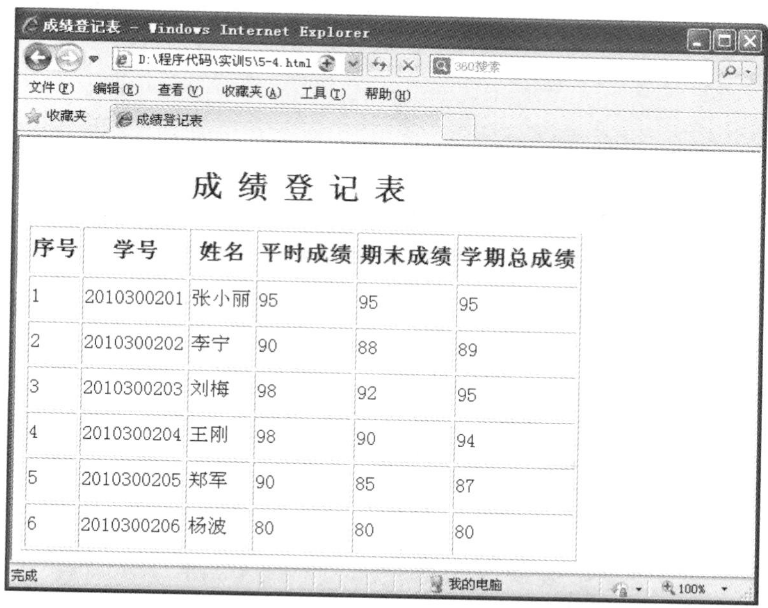

图 5-5　美化表格文字

步骤 3：

设置表格的宽度、高度及边框。为<table>标记添加 width、height 属性，设置宽度和高度。在 HTML 文件中，根据设计的需要，可以利用<table>标记的 frame 属性控制只显示部分表格边框，也可以利用 rules 属性控制只显示部分内部边框。根据实训要求，设置 frame 值为 border，rules 值为 all。并设置边框颜色为黑色，即 bordercolor="black"，代码如下：

```
<!--程序 5-5.html-->
……
  <table border="1" width="600" height="280" frame="border" rules="all" bordercolor="black">
……
  </table>
……
```

说明：

（1）表格是网页中的重要元素，有丰富的属性，可以对其进行相关设置。表格常用的属性如表 5-2 所示。

表 5-2　表格标记的属性

属性	描述
border	设置边框粗细（默认值为 0，单位为像素）
bordercolor	设置边框颜色
bordercolorlight	设置亮边框颜色（左上边框颜色）
bordercolordark	设置暗边框颜色（右下边框颜色）
width	设置表格宽度（单位为像素或百分比）
height	设置表格高度（单位为像素或百分比）
bgcolor	设置背景颜色
background	设置背景图片
frame	设置边框样式
rules	设置内部边框样式
cellspacing	设置单元格间距
cellpadding	设置单元格边距
align	设置表格水平对齐方式（值为 left、center、right）

（2）可以通过给表格添加 border、bordercolor、bordercolorlight 和 bordercolordark 属性，实现为表格设置边框线以及美化表格的目的。其中 border 属性用于设置边框的宽度，单位为像素；定义边框颜色时可以使用颜色的英文单词或 6 位十六进制颜色值。程序 5-5 在<table>标记中添加了相关的属性，设置了边框线 border 宽度为 1 像素、边框颜色为黑色。

（3）在表格设计中，width 属性设置表格的宽度，height 属性设置表格的高度。

1）width 和 height 的属性值可以是像素或百分比。

2）用百分比设置大小的表格会随着浏览器窗口或嵌套表格所在单元格的大小变化而调整，而用像素设置大小的表格是绝对大小。

3）默认情况下，表格的宽度和高度会根据内容自动调整。

4）程序 5-5 中，设置表格宽度为 600 像素，高度为 200 像素，和前面的程序相比，每行的高度自动增加了。

（4）在 HTML 文件中，根据设计的需要，可以利用<table>标记的 frame 属性控制只显示部分表格边框，也可以利用 rules 属性控制只显示部分内部边框。frame 的常见属性设置如表 5-3 所示，rules 的常见属性设置如表 5-4 所示。

表 5-3 frame 属性

属性	描述
above	显示上边框
below	显示下边框
hsides	显示上下边框
lhs	显示左边框
rhs	显示右边框
vsides	显示左右边框
border	显示上下左右边框
void	不显示边框

表 5-4 rules 属性

属性	描述
all	显示所有内部边框
none	不显示内部边框
cols	仅显示列边框
rows	仅显示行边框
groups	显示介于行列间的边框

程序 5-5 在浏览器中的运行效果如图 5-6 所示。

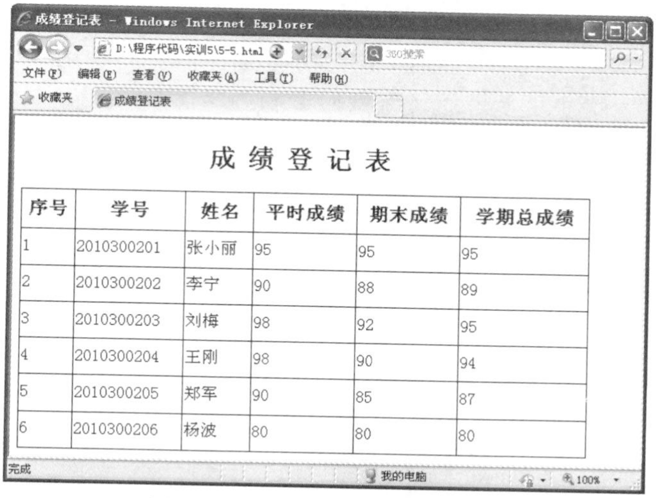

成 绩 登 记 表

序号	学号	姓名	平时成绩	期末成绩	学期总成绩
1	2010300201	张小丽	95	95	95
2	2010300202	李宁	90	88	89
3	2010300203	刘梅	98	92	95
4	2010300204	王刚	98	90	94
5	2010300205	郑军	90	85	87
6	2010300206	杨波	80	80	80

图 5-6 宽度、高度及边框的设置

步骤 4：

设置行内容水平、垂直对齐。可以为每一个<tr>标记添加 align 属性，属性值可以为居左 left、居中 center、居右 right，默认值为居左 left，设置为居中 center；添加 valign 属性，属性值可以为居上 top、居中 middle、居下 bottom，默认值为居中 middle。以第二行为例，其他行同理，代码如下：

```
<!--程序 5-6.html-->
……
        <tr align="center">                    <!--表格第 2 行-->
           <td>1</td>
           <td>2010300201</td>
           <td>张小丽</td>
  ……
```

说明：

表格行标记<tr>的属性设定表格中某一行的属性，其常见属性设置如表 5-5 所示。

表 5-5　<tr>标记的属性

属性	描述	属性	描述
align	行内容的水平对齐	bordercolor	行的边框颜色
valign	行内容的垂直对齐	bordercolorlight	行的亮边框颜色
bgcolor	行的背景颜色	bordercolordark	行的暗边框颜色

程序 5-6 在浏览器中的运行效果如图 5-7 所示。

成绩登记表 - Windows Internet Explorer

成 绩 登 记 表

序号	学号	姓名	平时成绩	期末成绩	学期总成绩
1	2010300201	张小丽	95	95	95
2	2010300202	李宁	90	88	89
3	2010300203	刘梅	98	92	95
4	2010300204	王刚	98	90	94
5	2010300205	郑军	90	85	87
6	2010300206	杨波	80	80	80

图 5-7　内容水平对齐

步骤 5：

行的背景颜色。行的背景颜色通过<tr>的 bgcolor 属性实现。将第一行背景色设置为“#4682B4”，第 3、5、7 行的背景色设置为“#cccccc”。以第一行和第三行的背景颜色设置为例，其他行同理，代码如下：

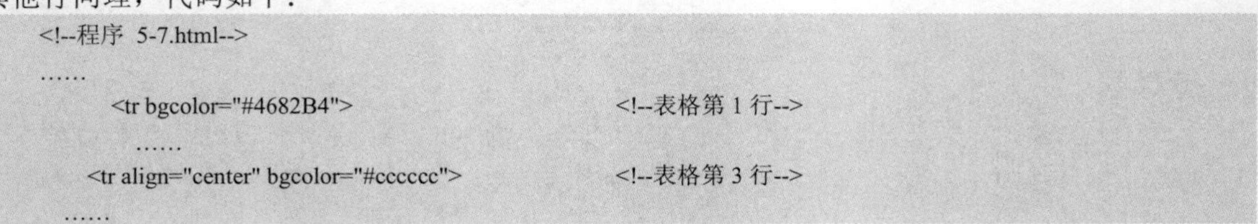

```
<!--程序 5-7.html-->
……
        <tr bgcolor="#4682B4">                         <!--表格第 1 行-->
           ……
     <tr align="center" bgcolor="#cccccc">             <!--表格第 3 行-->
  ……
```

说明：

（1）除此之外，标记<td>的属性用于设定表格中某一单元格的属性，常见属性设置如表 5-6 所示。

表 5-6　<td>标记的属性

属性	描述	属性	描述
align	单元格内容的水平对齐	bordercolordark	单元格的暗边框颜色
valign	单元格内容的垂直对齐	width	单元格的宽度
bgcolor	单元格的背景颜色	height	单元格的高度
background	单元格的背景图片	rowspan	单元格跨行
bordercolor	单元格的边框颜色	colspan	单元格跨列
bordercolorlight	单元格的亮边框颜色		

1）单元格的 rowspan 属性可以实现单元格的跨行合并（纵向合并），rowspan 的值为单元格跨越的行数。如果创建跨越两行的单元格（即 rowspan="2"），那么在下一行中就不用定义相应的单元格，如果创建跨越三行的单元格（即 rowspan="3"），那么在下两行就不用定义相应的单元格，依此类推。

2）单元格的 colspan 属性可以实现单元格的跨列合并（横向合并），colspan 的值为单元格跨越的列数。若在一行中创建跨越两列的单元格（即 colspan="2"），那么在该行中就应该少定义一个单元格，若在一行中创建跨越三列的单元格（即 colspan="3"），那么在该行中就少定义两个单元格，依此类推。

（2）表格嵌套就是根据插入元素的需要，在一个表格的某个单元格里再插入一个若干行和列的表格。对嵌套表格，可以像对其他表格一样进行格式设置，但是其宽度受所在单元格宽度的限制。利用表格的嵌套，可以制作复杂而精美的效果。不过需要注意的是，嵌套层次越多，网页的载入速度就会越慢。

程序 5-7 在浏览器中的运行效果如图 5-8 所示。

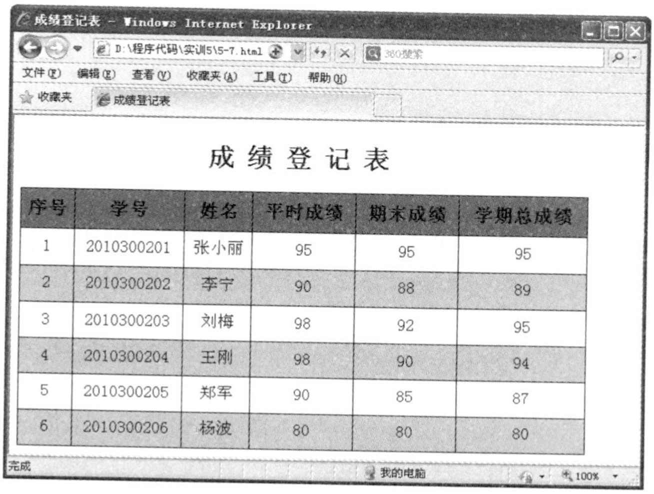

图 5-8　行的背景色

5.5 总结与思考

表格在网站中的应用非常广泛，HTML 页面中数据显示大多采用表格，表格可以方便灵活地实现对数据的排版，可以把相互关联的信息元素层次清晰地集中定位，一目了然。所以说要制作好网页，就要学会设计制作表格，熟练掌握和运用表格的各种属性。

请完成如图 5-9 和图 5-10 所示的课程表和产品介绍页面的制作，要求用表格布局页面。

课程表

时间		星期一	星期二	星期三	星期四	星期五
上午	1					
	2					
	3					
	4					
下午	5					
	6					
	7					
	8					

图 5-9 课程表

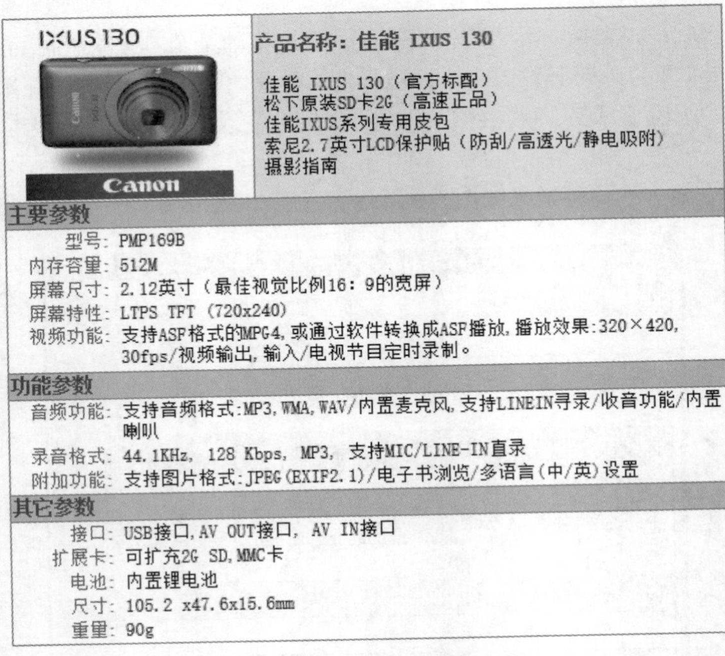

IXUS 130

Canon

产品名称：佳能 IXUS 130

佳能 IXUS 130（官方标配）
松下原装SD卡2G（高速正品）
佳能IXUS系列专用皮包
索尼2.7英寸LCD保护贴（防刮/高透光/静电吸附）
摄影指南

主要参数

型号：PMP169B
内存容量：512M
屏幕尺寸：2.12英寸（最佳视觉比例16：9的宽屏）
屏幕特性：LTPS TFT（720x240）
视频功能：支持ASF格式的MPG4，或通过软件转换成ASF播放，播放效果：320×420，30fps/视频输出，输入/电视节目定时录制。

功能参数

音频功能：支持音频格式：MP3，WMA，WAV/内置麦克风，支持LINEIN寻录/收音功能/内置喇叭
录音格式：44.1KHz，128 Kbps，MP3，支持MIC/LINE-IN直录
附加功能：支持图片格式：JPEG（EXIF2.1）/电子书浏览/多语言（中/英）设置

其它参数

接口：USB接口，AV OUT接口，AV IN接口
扩展卡：可扩充2G SD，MMC卡
电池：内置锂电池
尺寸：105.2 x47.6x15.6mm
重量：90g

图 5-10 产品介绍页面

实训六

使用框架制作网站管理中心系统

6.1 实训目标

- 掌握建立水平或垂直的框架分割窗口
- 掌握用嵌套框架分割窗口
- 掌握对滚动条进行控制
- 掌握在空白窗口显示网页

6.2 实训内容

将浏览器画面分割成多个子窗口时，可以赋予各子窗口不同的功能。最常见的应用方式，就是以一个子窗口作为网页的主画面，另一个窗口则用于控制该窗口的显示内容。要达到这个目的，可以运用<a>标记的 target 属性，来指定显示链接网页的子窗口。本实训利用框架来设计一个厂字形布局，实现网站管理中心系统。

6.3 实训效果

网站管理中心页面运行效果如图 6-1 所示。

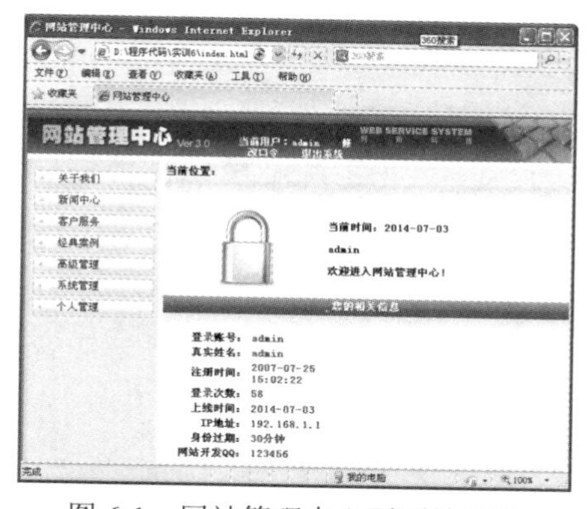

图 6-1 网站管理中心页面效果图

6.4 实现过程

任务 1：制作框架结构

步骤 1：

准备素材图片，在资源文件夹中可以找到，也可根据实际情况自己设计。

步骤 2：

创建站点文件夹，如本次实训站点文件夹为“实训 6”，并在该站点文件夹下面创建 images 文件夹，将前面准备好的图片素材复制到 images 文件夹下。

步骤 3：

打开编辑环境，创建 HTML 文档 index.html，保存到指定位置，在文档中输入 HTML 框架的基本结构。框架的基本结构主要分为框架和框架集两个部分。它是利用<frame>标记与<frameset>标记来定义。其中，<frame>标记用于定义框架；<frameset>标记用于定义框架集。代码如下：

```
<!--程序 6-1.html-->
<html>
 <head>
  <title> 网站管理中心 </title>
 </head>
 <frameset …>
<frame …>
<frame …>
 </frameset>
</html>
```

说明：

（1）省略部分主要表示框架和框架集的相关属性，将在后面讲解。

（2）由<frameset>标记所定义的框架集，相当于<body>标记所定义的文件主题组件，因此<frameset>标记不可以包含在<body>标记中，否则框架集将无法正常使用。可以直接将该标记包含在<html>标记中。而用于定义框架的<frame>标记，主要用来控制所代表的窗口框架。

步骤 4：

嵌套分割窗口。基本的窗口分割是水平分割窗口和垂直分割窗口，所谓的嵌套分割是指一个窗口框架还包含了另一个窗口框架。换句话说，整个窗口框架将用数个<frameset>标记建立。在实际应用中，“厂”字形框架使用极为广泛，“厂”字形的网页就是窗口中包含水平和垂直分割。对于“厂”字形窗口，需要先通过<frameset>标记的 rows 属性将窗口水平分割为上下两个<frame>窗口，再通过<frameset>标记的 cols 属性将第二个窗口垂直分割为左右两个<frame>窗口。厂字形嵌套分割窗口代码如下：

```
<!--程序 6-2.html-->
<html>
 <head>
  <title> 网站管理中心 </title>
 </head>
 <frameset rows="60,*">
```

```
        <frame>
        <frameset cols="170,*">
            <frame >
            <frame >
        </frameset>
    </frameset>
</html>
```

程序 6-2 在浏览器中的运行效果如图 6-2 所示。

图 6-2　厂字形框架

说明：

（1）常见的对窗口的分割包括水平分割、垂直分割和嵌套分割。具体采用哪种分割方式，取决于实际需要，可用<frameset>标记中的 rows（水平分割）或 cols（垂直分割）属性进行分割。在完成窗口的分割后，要设置每个分割出来的子窗口。设置子窗口的属性都在相应子窗口的<frame>标记中。其中，最重要的属性为子窗口的名称（name 属性）和要导入到框架中的子窗口 HTML 文件的路径（src 属性）。

（2）窗口的水平分割。<frameset>标记的 rows 属性可以定义一个水平分割的窗口框架，如：

```
<frameset rows="高度 1,高度 2,…,*">
    <frame src="url">
    <frame src="url">
    ……
</frameset>
```

其中，rows 属性的值代表各子窗口的高度，第一个子窗口高度为“高度 1”，第二个子窗口高度为“高度 2”，依此类推，而最后一个“*”，则代表最后一个子窗口的高度，值为其他子窗口高度分配后所剩余的高度。设置高度数值的方式可以是像素或百分比。划分多少个水平窗口，rows 属性中就有多少个高度值（包含“*”），同时就有多少个<frame>标记对应。下面的代码将水平分割窗口，并设置第一个窗口的高度为 80px，第二个窗口的高度为 120px，第三个窗口的高度是全窗口的高度减去前两个窗口的高度。

```
<!--程序 6-3.html-->
<html>
 <head>
  <title> 采用整数设置窗口的水平分割 </title>
 </head>
```

```
  <frameset rows="80,120,*">
    <frame>
    <frame>
    <frame>
  </frameset>
</html>
```

程序 6-3 在浏览器中的运行效果如图 6-3 所示。

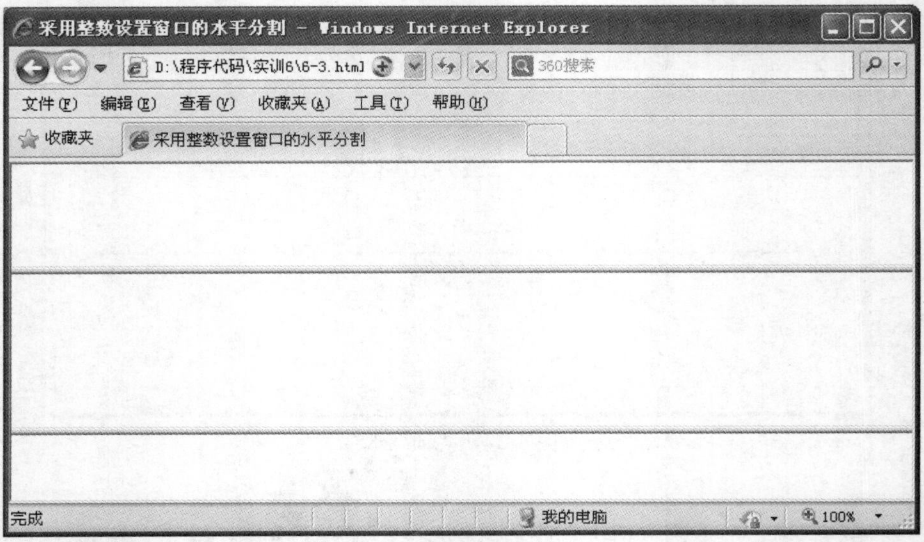

图 6-3　设置窗口的水平分割

（3）窗口的垂直分割。<frameset>标记的 cols 属性可定义一个垂直分割的窗口框架，如：

```
<frameset cols="宽度 1,宽度 2,…,*">
    <frame src="url">
    <frame src="url">
    ……
</frameset>
```

其中，垂直宽度值的设置与水平分割高度值的设置方式相同，这里不再重复。下面的代码将窗口垂直分成了三个部分，并设置第一个窗口的宽度为 80px，第二个窗口的宽度为 120px，第三个窗口的宽度是全窗口的宽度减去前两个窗口的宽度。

```
<!--程序 6-4.html -->
<html>
  <head>
    <title> 采用整数设置窗口的垂直分割 </title>
  </head>
  <frameset cols="80,120,*">
    <frame>
    <frame>
    <frame>
  </frameset>
</html>
```

程序 6-4 在浏览器中的运行效果如图 6-4 所示。

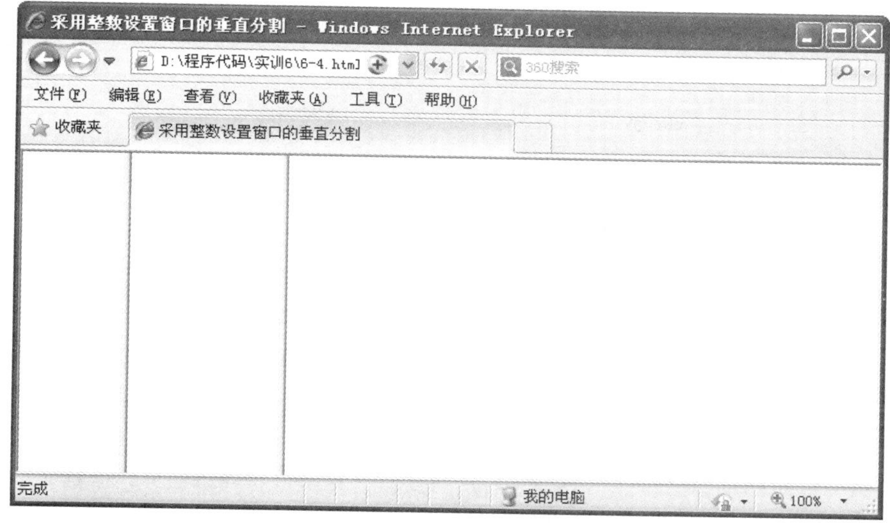

图 6-4　设置窗口的垂直分割

（4）框架的边框属性。在<frameset>标记中，可运用 border 属性控制分割窗口框架的边框，如：<frameset border="12">，12 代表此窗口框架的宽度，单位为像素（px）。

（5）框架的隐藏属性。frameborder 属性控制框架的显示和隐藏，此属性可使用在<frameset>标记和<frame>标记中，如果使用在<frameset>标记内时，可控制窗口框架的所有子窗口，如果用在<frame>标记中，则只能控制该标记所代表的子窗口。如：<frameset frameborder="0 或 1">，0 代表隐藏边框，1 代表显示边框，默认值为 1。

注：本实训的最终效果需要将框架隐藏，即需要设置<frameset>标记的 brameborder 属性值为 0。

6．框架标记<frameset>的常用属性如表 6-1 所示。

表 6-1　< frameset >标记的属性

属性	描述	属性	描述
rows	水平分割窗口	border	设置框架的边框宽度
cols	垂直分割窗口	frameborder	设置框架边框的显示或隐藏

任务 2：子窗口的设置

步骤 1：

指定子窗口显示网页。窗口标记<frame>的 src 属性用来指定要导入到某个窗口的 HTML 文件的位置，如：<frame src="frame.html">，将设置子窗口显示名称为 frame.html 的网页。

步骤 2：

指定窗口名称。<frame>标记的 name 属性是用来指定窗口的名称，当完成子窗口的名称定义后，可指定超链接的链接目标显示到框架的某个子窗口，如：<frame name="子窗口名称">。（注：在 JavaScript 程序中可以通过名字来获得对应的子窗口。）

下面的代码分别将三个窗口命名为 header、menu、main，其中 header 为最上面的窗口，menu 为左侧窗口，main 为右侧窗口，main 窗口将显示核心内容。同时分别将三个窗口链接的页面指定为 header.html、menu.html、main.html。

```
<!--程序 6-5.html -->
<html>
 <head>
  <title> 网站管理中心 </title>
 </head>
 <frameset rows="60,*"> <!--此处应有属性  frameborder="0" -->
    <frame name="header" src="header.html" scrolling="no">
    <frameset cols="170,*">
         <frame name="menu" src="menu.html" scrolling="no">
         <frame name="main" src="main.html" scrolling="auto">
    </frameset>
 </frameset>
</html>
```

说明：

（1）<frame>标记的 scrolling 属性用于控制窗口框架中是否显示滚动条，使用此属性，可以避免 HTML 文件因内容过多而无法完全显示。如：<frame scrolling="yes 或 no 或 auto">，其中 yes 表示显示滚动条，no 表示不显示滚动条，auto 为自动设置（由浏览器自动设置，需要时即有，不需要时即无）。该实训中名称为 header 和 menu 的窗口不需要滚动条，即 scrolling="no"；名称为 main 的窗口设置为自动，即 scrolling="auto"。

（2）目前三个子窗口的大小均可以通过边框进行自由调整，即各窗口框架的大小并非固定不变。如果设定好的子窗口大小不希望用户随意改变时，可以在<frame>标记中添加 noresize 属性，如<frame noresize>，该属性即属性值，无需赋值。

（3）框架和网页一样也可以设置边距，网页的边距可以通过 margin 来设定。利用<frame>标记中的 marginwidth 属性来设置框架左右边缘的宽度；marginheight 属性可以设置框架上下边缘的宽度。如：<frame name="" src="" marginwidth="10" marginheight="20">，分别设置相应于子框架的左右和上下边缘的空白。

（4）窗口标记<frame>的常用属性如表 6-2 所示。

表 6-2　< frame >标记的属性

属性	描述	属性	描述
src	设置文件路径	noresize	设置窗口不能调整尺寸
name	设置窗口名称	marginwidth	设置框架左右边距
scrolling	设置窗口滚动	marginheight	设置框架上下边距

此时框架页面 index.html 的完整代码如下：

```
<!--程序 index.html -->
<html>
 <head>
  <title> 网站管理中心 </title>
 </head>
 <frameset rows="60,*" frameborder="0">
    <frame name="header" src="header.html" scrolling="no" noresize>
```

```
    <frameset cols="170,*">
        <frame name="menu" src="menu.html" scrolling="no" noresize>
        <frame name="main" src="main.html" scrolling="auto" noresize>
    </frameset>
  </frameset>
</html>
```

程序 6-5 在浏览器中的运行效果如图 6-5 所示。

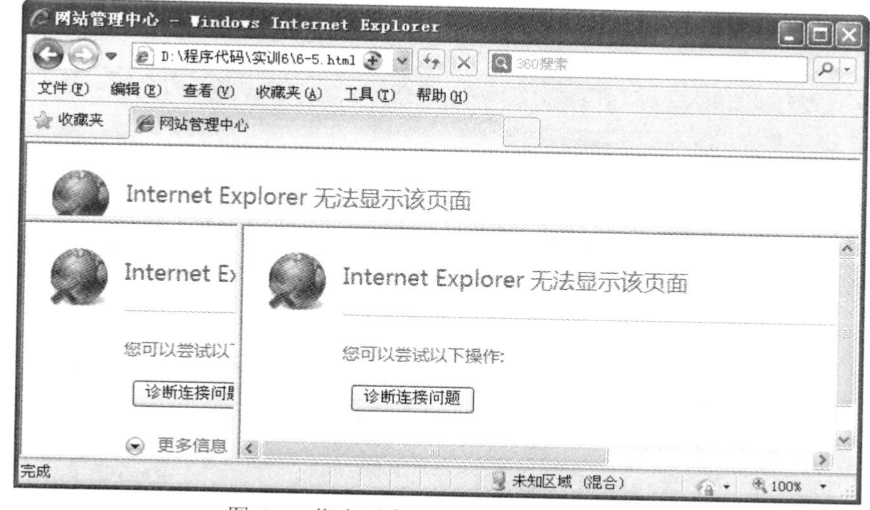

图 6-5　指定子窗口显示页面和窗口名称

任务 3：页面设计

下面将利用前面学过的知识分别设计 header.html、menu.html、main.html 这三个页面。

步骤 1：

设计 header.html 页面。框架头部链接的页面为 header.html，主要由三张图片作为背景，显示当前用户信息和两个命令按钮。可以使用<table>表格实现，也可以通过 DIV+CSS 实现，下面的代码是通过 DIV+CSS 实现的效果。

注： 所需资源在当前目录的 images 文件夹中。

```
<!--程序 header.html-->
<!DOCTYPE HTML PUBLIC "-//W3C//DTD HTML 4.01 Transitional//EN" "http://www.w3.org/TR/html4/loose.dtd">
<html>
 <head>
  <title> header </title>
  <style type="text/CSS">
    body{margin:0;padding:0;font-size:12px;}
    #header{height:56px;background-image:url(images/header_bg.jpg);}
    #h_left{float:left;}
    #h_right{float:right;}
    #h_con{text-align:center;color:white;line-height:56px;font-weight:bold;}
  </style>
</head>
```

```
<body>
  <div id="header">
    <div id="h_left"><img src="images/header_left.jpg" border="0" alt=""></div>
    <div id="h_right"><img src="images/header_right.jpg" border="0" alt=""></div>
    <div id="h_con">当前用户：admin    修改口令    退出系统</div>
  </div>
 </body>
</html>
```

header.html 页面在浏览器中的运行效果如图 6-6 所示。

图 6-6 header.html 页面效果

步骤 2：

设计 main.html 页面。框架右侧子窗口默认显示的页面为 main.html，是网站管理中心的首页，主要显示一些基本信息。可以使用<table>表格实现，也可以通过 DIV+CSS 实现，下面的代码是通过<table>表格实现的效果。

```
<!--程序 main.html-->
<!DOCTYPE HTML PUBLIC "-//W3C//DTD HTML 4.01 Transitional//EN" "http://www.w3.org/TR/html4/loose.dtd">
<html>
 <head>
  <title> main </title>
  <style>
    table{font-size:13px;font-weight:bold;}
    span{color:#990066;}
  </style>
 </head>
 <body>
  <table border="0" width="100%" frame="void" rules="none">
    <tr height="28"><td background="images/title_bg1.jpg" colspan="2">当前位置：</td></tr>
    <tr height="20"><td background="images/shadow_bg.jpg" colspan="2"></td></tr>
    <tr><td align="center" width="200" height="120"><img src="images/admin_p.gif" width="90" height="100" border="0" alt="d"></td><td><p>当前时间：2014-07-03</p><p>admin</p><p>欢迎进入网站管理中心！</p></td></tr>
    <tr height="22" align="center"><td colspan="2" background="images/title_bg2.jpg" ><font size="2" color="#ffffff"><b>您的相关信息</b></font></td></tr>
    <tr height="20"><td colspan="2" background="images/shadow_bg.jpg" ></td></tr>
    <tr><td>
        <table>
```

```
                <tr><td align="right" width="150">登录账号：</td>
<td><span>admin</span></td></tr>
                <tr><td align="right">真实姓名：</td>
<td><span>admin</span></td></tr>
                <tr><td align="right">注册时间：</td>
<td><span>2007-07-25 15:02:22</span></td></tr>
                <tr><td align="right">登录次数：</td><td><span>58</span></td></tr>
                <tr><td align="right">上线时间：</td><td><span>2014-07-03</span></td></tr>
                <tr><td align="right">IP 地址：</td><td><span>192.168.1.1</span></td></tr>
                <tr><td align="right">身份过期：</td><td><span>30 分钟</span></td></tr>
                <tr><td align="right">网站开发 QQ：</td><td><span>123456</span></td></tr>
            </table>
        </td></tr>
    </table>
  </body>
</html>
```

main.html 页面在浏览器中运行的效果如图 6-7 所示。

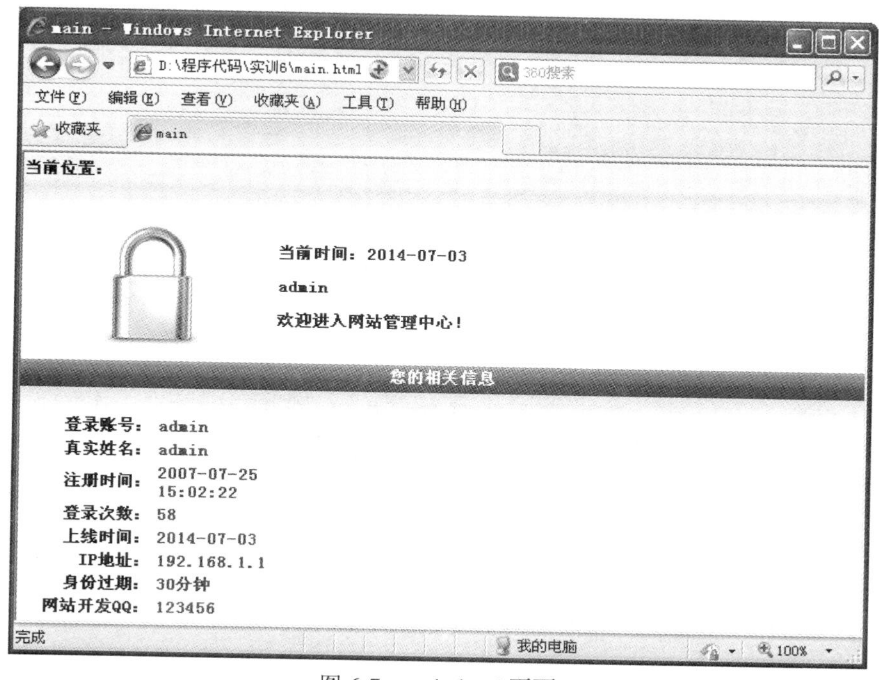

图 6-7　main.html 页面

步骤 3：

设计 menu.html 页面。框架左侧引入的 left.html 页面的内容是一组菜单项，可以由表格、列表、DIV+CSS 等多种方法实现。每一个超链接的 target 属性值都是 main（右边子窗口的名字），即该超链接所链接的页面将显示在名称为 main 的框架子窗口中，所以实现了当单击左侧框架子窗口中的超链接时，在右侧框架子窗口中得到所需显示的信息。menu.html 页面代码如下：

```
<!--程序 menu.html-->
<!DOCTYPE HTML PUBLIC "-//W3C//DTD HTML 4.01 Transitional//EN" "http://www.w3.org/TR/html4/loose.dtd">
```

```
<html>
 <head>
  <title> menu </title>
  <style type="text/CSS">
    body,ul,li{margin:0;padding:0;}
    body{background:url(images/menu_bg.jpg) repeat-y;}
    #menu{width:150px;padding:10px;}
    ul{list-style-type:none;}
    ul li{background:url(images/menu_bt.jpg) no-repeat;width:120px; height:22px;margin:5px 0px;padding-left:30px;}
    ul li a{font-size:13px;text-decoration:none;color:black;display:block;line-height:22px;}
    ul li a:hover{color:red;}
  </style>
 </head>

 <body>
  <div id="menu">
    <ul>
        <li><a href="#" target="main">关于我们</a></li>
        <li><a href="#" target="main">新闻中心</a></li>
        <li><a href="#" target="main">客户服务</a></li>
        <li><a href="#" target="main">经典案例</a></li>
        <li><a href="#" target="main">高级管理</a></li>
        <li><a href="#" target="main">系统管理</a></li>
        <li><a href="#" target="main">个人管理</a></li>
    </ul>
  </div>
 </body>
</html>
```

menu.html 页面在浏览器中的运行效果如图 6-8 所示。

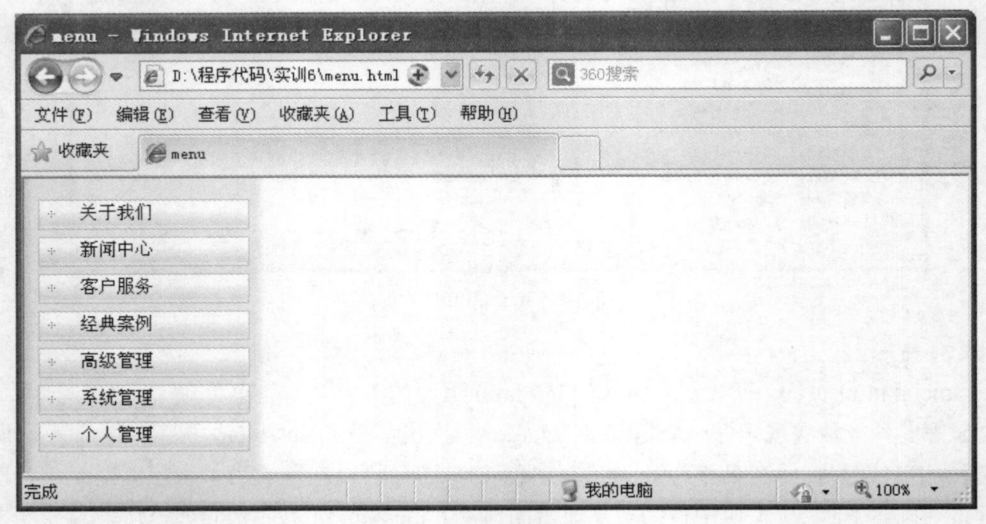

图 6-8　menu.html 页面效果

运行 index.html 页面能看到网站管理中心框架运行的整体效果，如图 6-1 所示。

任务 4：浮动框架

浮动框架的标记是<iframe></iframe>，使用时可以直接放在<body></body>标记对中，可以多次出现。它的作用是在一个网页中间插入一个简单的帧窗口，在这个帧窗口中可以显示另一个文件，由 src 属性来设置框架中显示文件的路径，这样能实现一种“画中画”的效果。

浮动框架的常用属性如表 6-3 所示。

表 6-3 <iframe >标记的属性

属性	描述	属性	描述
src	指定文件路径	frameborder	设置是否有框架边框
name	设置框架名称	framespancing	设置框架边框宽度
width	设置框架宽度	bordercolor	设置边框颜色
height	设置框架高度	marginwidth	设置框架左右边距
align	设置框架对齐方式	marginheight	设置框架上下边距
noresize	设置不能调整框架尺寸	scrolling	设置框架滚动条

6.5 总结与思考

框架技术可以将浏览器窗口分割成多个子窗口，并且在每个子窗口中，可以显示不同的网页，这样就可以很方便地在浏览器中浏览不同的网页效果。

请利用框架设计一个“厂”字形布局，实现如图 6-9 和图 6-10 所示的班级网站后台维护系统首页以及新闻管理、相册管理、留言管理和查看注册会员四个页面（注：这四个页面效果相似），并能通过单击超链接实现将相应的页面显示到右侧窗口中。

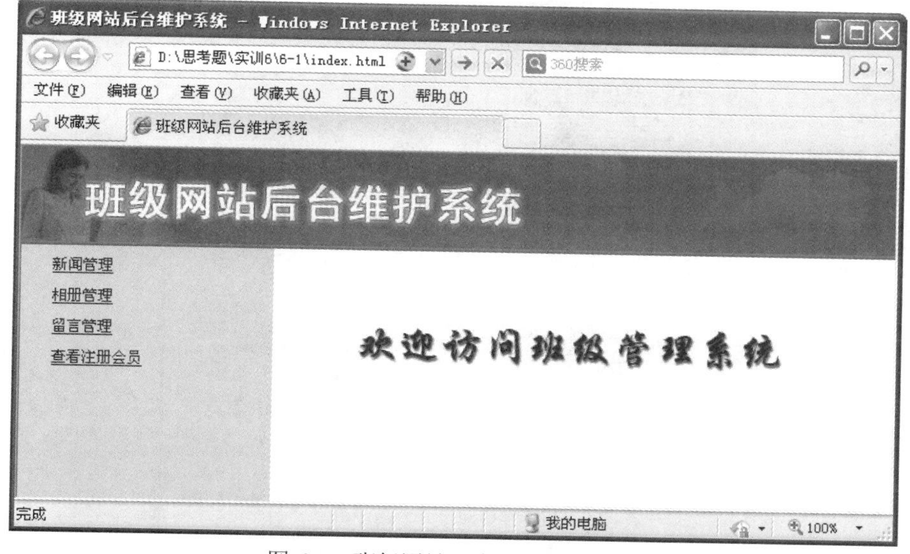

图 6-9 班级网站后台维护系统首页

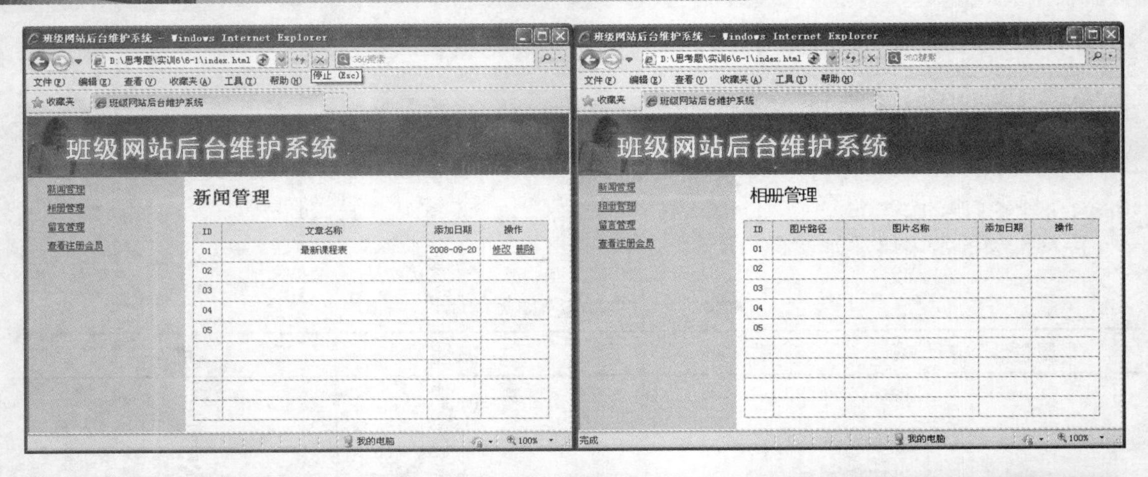

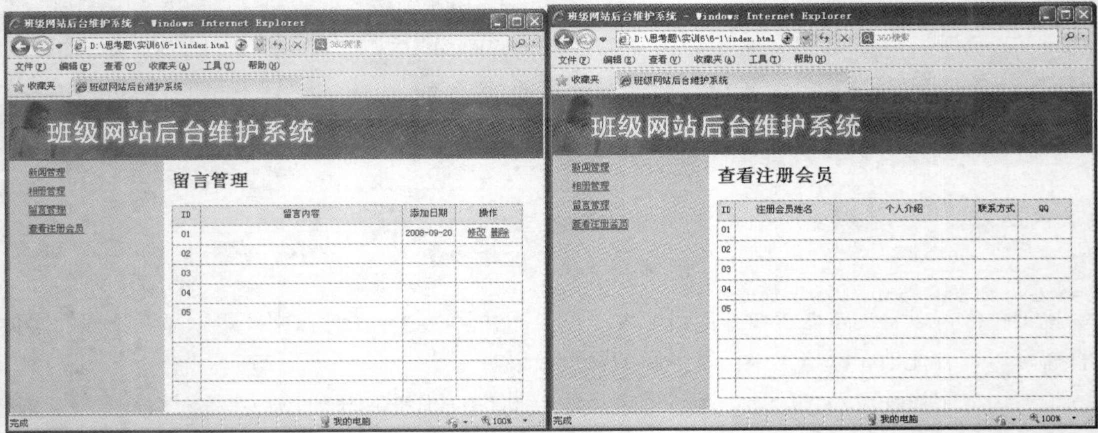

图 6-10　班级网站后台维护系统各子页面

浮动框架在网页中的应用非常灵活，请根据所学的知识完成图 6-11 所示的页面效果。

图 6-11　浮动框架应用

实训七

制作会员登录与注册页面

7.1 实训目标

- 理解表单的概念
- 掌握如何创建表单
- 掌握表单的属性设置
- 掌握表单对象属性的设置
- 掌握 JavaScript 脚本的应用

7.2 实训内容

表单在网页中用来给访问者填写信息，从而获得用户信息，使网页具有交互的功能。网页中用户注册、用户登录、搜索等功能是表单最常见的几种应用形式。实训中利用表单及表单元素实现会员登录与注册页面的制作，同时使用 JavaScript 进行表单信息完整性和正确性的验证。

7.3 实训效果

登录页面与注册页面运行效果如图 7-1 和图 7-2 所示。

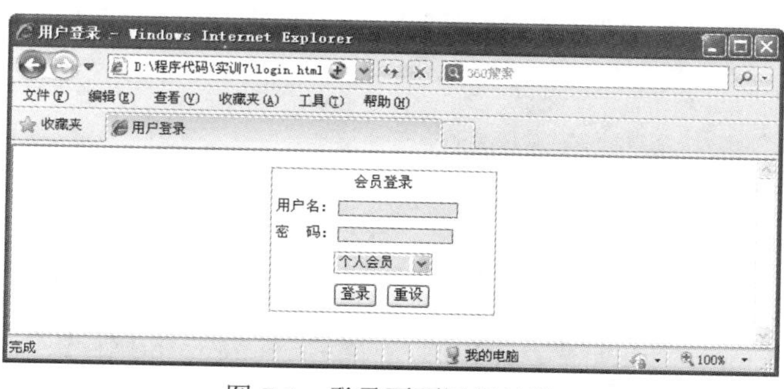

图 7-1 登录页面运行效果

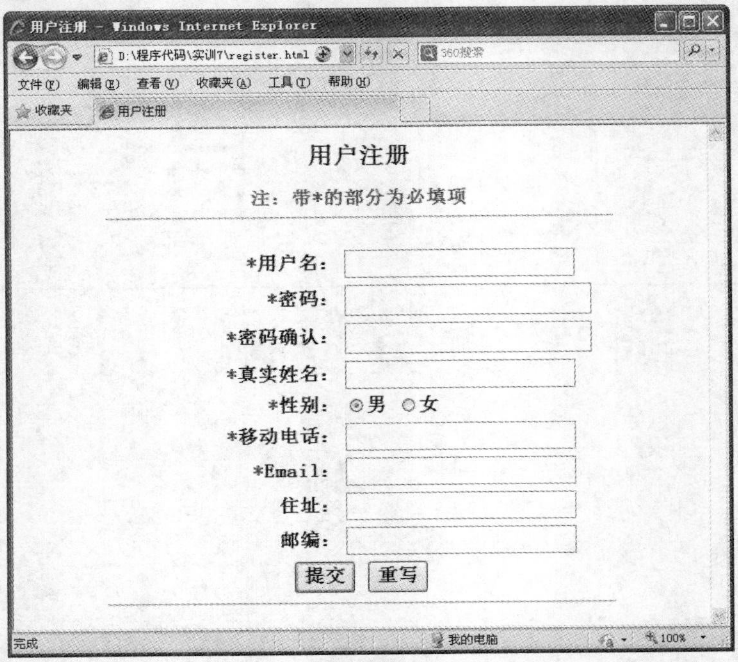

图 7-2　注册页面运行效果

7.4　实现过程

任务 1：制作会员登录页面

步骤 1：

打开编辑环境，创建 HTML 文档 7-1.html 保存到指定位置，在文档中输入 HTML 的基本结构代码以及表单的开始和结束标记，代码如下：

```
<!--程序 7-1.html-->
<html>
  <head>
   <title> 用户登录 </title>
  </head>
  <body>
   <form id="form1" name="form1" method="post" action="">
   ……
</form>
  </body>
</html>
```

说明：

（1）表单有两个重要组成部分：一是描述表单的 HTML 源代码；二是用于处理用户在表单域中输入信息的服务器端应用程序，如 ASP.NET、JSP 等。

（2）表单使用的<form>标记是成对出现的，在首标记<form>和尾标记</form>之间的部分就是一个表单。

（3）在<form>标记里有三个重要属性：name，action 和 method。

1）name：表单名称，表单命名之后就可以用脚本语言（如 JavaScript）对它进行控制。

2）action：动作属性，指定处理表单信息的服务器端应用程序。该程序可以是 ASP.NET 程序，也可以是 PHP 等脚本。

3）method：方法属性，用于指定表单向服务器提交数据的方法，method 的值可以为 get 或 post，默认方式是 get。

（4）get 方法和 post 方法的区别：

1）get 将表单中数据按照 variable=value 的形式，添加到 action 所指向的 URL 后面，并且两者使用“?”连接，而各个变量之间使用“&”连接；post 是将表单中的数据放在表单的数据体中，按照变量和值相对应的方式，传递到 action 所指向的 URL。

2）get 是不安全的，因为在传输过程中，数据将被放在请求的 URL 中，而现有的很多服务器、代理服务器或者用户代理都会将请求 URL 记录到日志文件中；然后放在某个地方，这样就可能会有一些隐私的信息被第三方看到。另外，用户也可以在浏览器上直接看到提交的数据，一些系统内部消息将会一同显示在用户前面。post 的所有操作对用户来说都是不可见的。

3）get 传输的数据量小，主要是因为受 URL 长度限制；而 post 可以传输大量的数据，所以上传文件只能使用 post。

4）get 限制表单的数据集的值必须为 ASCII 字符；而 post 支持整个 ISO10646 字符集。

步骤 2：

制作登录表单。根据实训要求，需要制作 5 行 2 列的表格，并在单元格内添加要求的内容及表单元素，同时设置<table>、<td>及表单元素的属性和值。设置整个表格宽度为 200 像素，无边框，在页面上居中显示，单元格边距为 4 像素。为表格添加 class 属性，值为 bd3，以便对表格进行格式化。将表格的第一行和第五行合并单元格，即设置 colspan 属性值为 2。设置表格第一行单元格宽度为 28%，第二行第一列宽度为 28%，第二列宽度为 72%。添加各表单元素，即单行文本输入框、密码输入框、下拉列表框、提交按钮和重置按钮。代码如下：

```
<!--程序 7-2.html-->
……
<table width="200" border="0" align="center" cellpadding="4" cellspacing="0" class="bd3">
    <tr>
        <td width="28%" class="tt2" colspan="2" align="center">会员登录</td>
    </tr>
    <tr>
        <td width="28%" class="tt2">用户名：</td>
        <td width="72%"><input name="userName" type="text" class="fk" size="16" /></td>
    </tr>
    <tr>
        <td class="tt2">密  码：</td>
        <td><input name="userPwd" type="password" class="fk" size="16" /></td>
    </tr>
    <tr>
        <td colspan="2" align="center"><select name="userType" class="fk">
            <option value="B1">个人会员</option>
            <option value="B2">商家会员</option>
            <option value="B3">超级管理员</option>
```

```
                </select>
                </td>
            </tr>
            <tr>
              <td colspan="2" align="center">
                  <input type="submit" name="Submit" value="登录"/>
                  <input type="reset" name="Submit2" value="重设" /></td>
            </tr>
        </table>
......
```

说明：

（1）输入<input>是个单标记，必须嵌套在表单标记中使用，用于定义一个用户的输入项。

（2）<input>标记主要有 6 个属性：type、name、size、value、maxlength、check。其中 name 和 type 是必选的两个属性。

（3）<input>标记的 type 属性值主要有 9 种类型：text（单行文本输入框）、submit（提交按钮）、reset（重置按钮）、password（密码输入框）、checkbox（复选框）、radio（单选框）、image（图像按钮）、hidden（隐藏框）、file（文件选择输入框）。

（4）通过<select>和<option>标记可以在浏览器中设计一个下拉式的列表或带有滚动条的列表，可以在列表中选中一个或多个选项。

（5）<select>标记有 name、size、multiple 三个属性。其中 name 属性设定下拉列表的名字，size 属性为可选项，用于改变下拉列表框的大小，multiple 属性表示允许用户从列表中选择多项。

（6）<option>是用来定义列表中的选项标记，设置列表中显示的文字和列表条目的值，列表中每个选项有一个显示的文本和一个 value 值（当选项被选择时传送给处理程序的信息）。

（7）<option>是单标记，必须嵌套在<select>标记中使用。一个列表中有多少个选项，就要有多少个<option>标记与之相对应，选项的具体内容写在每个<option>标记之后。<option>标记有两个属性：value 和 selected，都是可选项。

程序 7-2 在浏览器中的运行效果如图 7-3 所示。

图 7-3　表格布局会员登录页面

步骤 3：

美化会员登录页面。通过 CSS 样式美化单元格内容及表单元素。在<head></head>标记之间添加 CSS 样式代码如下：

```
<!--程序 7-3.html-->
……
<style type="text/CSS">
.tt2 {
    font-size: 13px;
}
.fk {
    font-size: 12px;
    height: 14px;
    margin: 0px;
    padding: 1px;
    background-color: #E6E6E6;
    border: 1px solid #666666;
}
.bd3 {
    border: 1px solid #999999;
}
</style>
……
```

说明：

（1）设置 class 值为 tt2 的内容，字体大小为 13 像素。

（2）设置 class 值为 fk 的内容，字体大小为 12 像素，高度为 14 像素，边距为 0 像素，填充为 1 像素，背景颜色为“#E6E6E6”，实线边框为 1 像素，边框颜色“#666666”。

（3）设置 class 值为 bd3 的内容，带实线边框为 1 像素，边框颜色为“#999999”。

程序 7-3 在浏览器中的运行效果如图 7-4 所示。

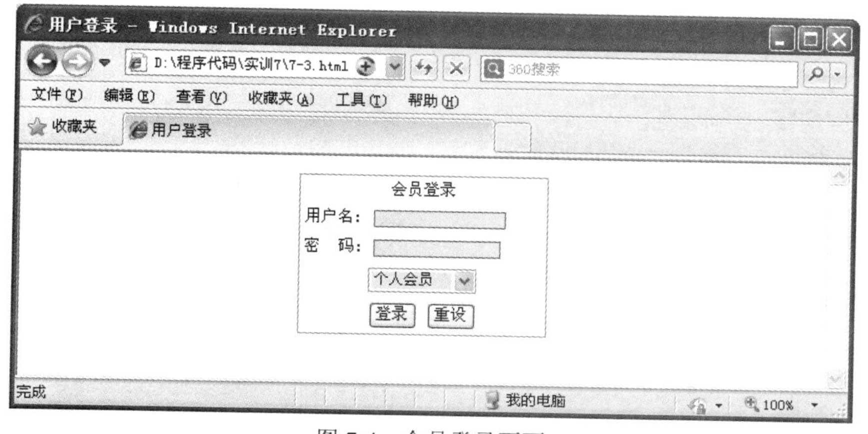

图 7-4　会员登录页面

任务 2：制作注册页面

步骤 1：

打开编辑环境，创建 HTML 文档 7-4.html，保存到指定位置，在文档中输入 HTML 基本结构代码以及表单的开始和结束标记，同时设置表单的头部信息，代码如下：

```
<!--程序 7-4.html-->
<html>
<head>
<title>用户注册</title>
</head>
<body>
<h2 align="center">用户注册</h2>
<p align="center"><span>注：带*的部分为必填项<span></p>
<hr width="75%">

  <form id="form1" name="form1" method="post" action="">

     </form>
</body>
</html>
```

程序 7-4 在浏览器中的运行效果如图 7-5 所示。

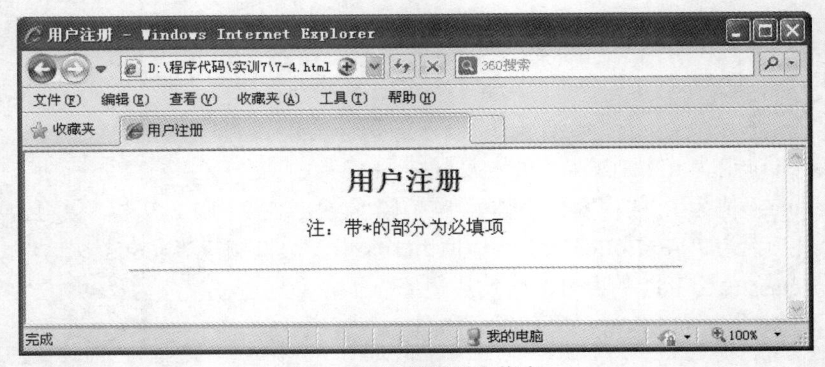

图 7-5　注册页面头信息

步骤 2：

制作注册表单。根据实训要求，需要制作 9 行 2 列的表格，表格的每一行第一列单元格标记<td>属性 align 设置为右对齐，width 设置为 50%。表格的每一行第二列单元格标记<td>属性 width 设置为 50%，默认为左对齐。并在单元格内添加要求的内容及表单元素，对表格内所有<input>标记的 id 的 name 属性进行设置，并加以区分。同时设置表格标记<table>及表单元素的属性和值。代码如下：

```
<!--程序 7-5.html-->
……
    <table width="50%" align="center" cellpadding="0" cellspacing ="5" border ="0">
        <tr>
            <td align="right" width="50%"><span>*</span>用户名：</td>
            <td width="70%"><input type="text" id=" ostcode" name=" ostcode" size="19"></td>
        </tr>
        <tr>
            <td align="right" width="50%"><span>*</span>密码：</td>
            <td width="50%"><input type="password" id="password" name="password" size="20"></td>
        </tr>
        <tr>
```

```
            <td align="right" width="50%"><span>*</span>密码确认：</td>
            <td width="50%"><input type ="password" id="confirmPwd"   name="confirmPwd" size="20"></td>
        </tr>
        <tr>
            <td align="right" width="50%"><span>*</span>真实姓名：</td>
            <td width="50%"><input type="text" id="realName" name="realName" size="19"></td>
        </tr>
        <tr>
            <td align="right" width="50%"><span>*</span>性别：</td>
            <td  width="50%"><input  type="radio"   name="sex"  value="男"  checked>男 <input  type="radio"
name="sex" value="女" >女</td>
        </tr>
        <tr>
            <td align="right" width="50%"><span>*</span>移动电话：</td>
    <td width="50%"><input type ="text" id="ostcode"   name="ostcode"   size="19" maxlength="11"></td>
        </tr>
        <tr>
            <td align="right" width="50%"><span>*</span>Email：</td>
            <td width="50%"><input type="text" id="email" name="email" size="19"></td>
        </tr>
        <tr>
            <td align="right" width="50%">住址：</td>
            <td width="50%"><input type="text" name="Address" size="19"></td>
        </tr>
        <tr>
            <td align="right" width="50%">邮编：</td>
            <td width="50%"><input type ="text" id="ostcode" name="ostcode" size="19" maxlength="6"></td>
        </tr>
        <tr>
            <td colspan="2" align="center">
                <input type="submit" name="cmdSub" value ="提交">
                <input type="reset" name="cmdRes" value ="重写">
            </td>
        </tr>
    </table>
    <hr width="75%">
    ……
```

说明：

（1）type="text"：表示该输入项的输入信息是字符串。此时，浏览器会在相应的位置显示一个文本框供用户输入信息。

（2）type="submit"：显示“提交”按钮，当用户单击该按钮时，浏览器就会将表单的输入信息传送给服务器。

（3）type="reset"：显示“重写”按钮，当用户单击该按钮时，浏览器就会清除表单中所有的输入信息而恢复到初始状态。

（4）type="password"：浏览器会在相应的位置显示一个密码文本框供用户输入信息，当用户输入内容时，是用“*”等相同的非密码字符代替显示每个输入的字符，以保证密码的安全性。

（5）type="radio"：表示该输入项是一个单选框。单选项必须是唯一的，即用户只能选中表单中所有单选项中的一项作为输入信息。

程序 7-5 在浏览器中的运行效果如图 7-6 所示。

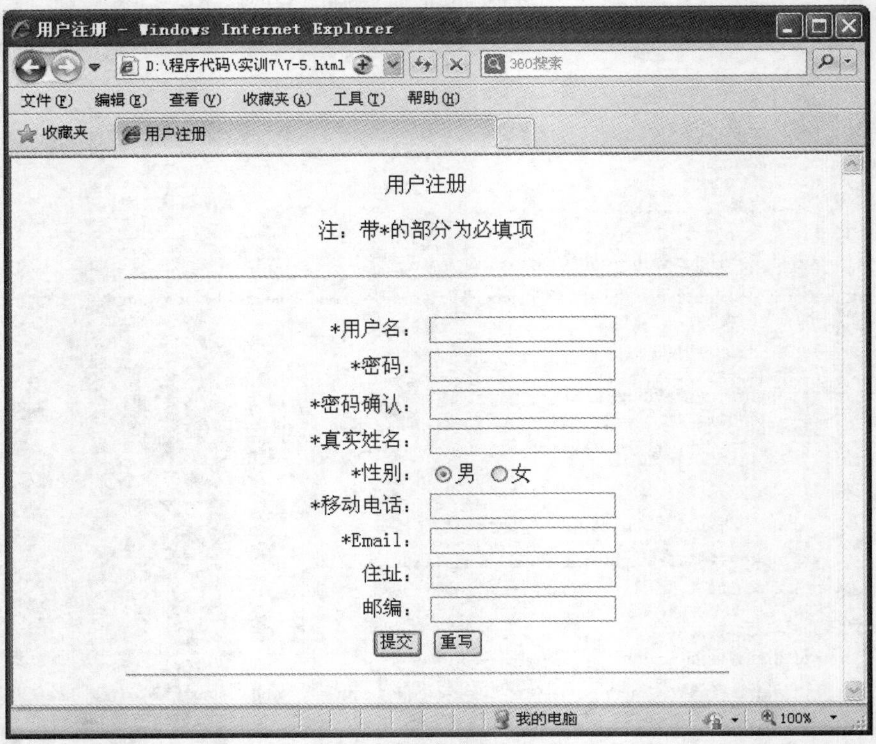

图 7-6　表格布局注册页面

步骤 3：

美化用户注册页面。通过 CSS 样式美化单元格内容。在<head></head>标记之间添加 CSS 样式代码如下：

```
<!--程序 7-6.html-->
……
<style type="text/css">
    body,p,b,td,input{font-size:14pt;font-weight: bold;}
    span{color:red;}
    p{margin:5px;}
</style>
……
```

说明：

通过使用 CSS 样式设置<body>、<p>、<td>、<input>标记的文字内容，字体大小为 14 像素，并以粗体形式显示。

程序 7-6 在浏览器中的运行效果如图 7-7 所示。

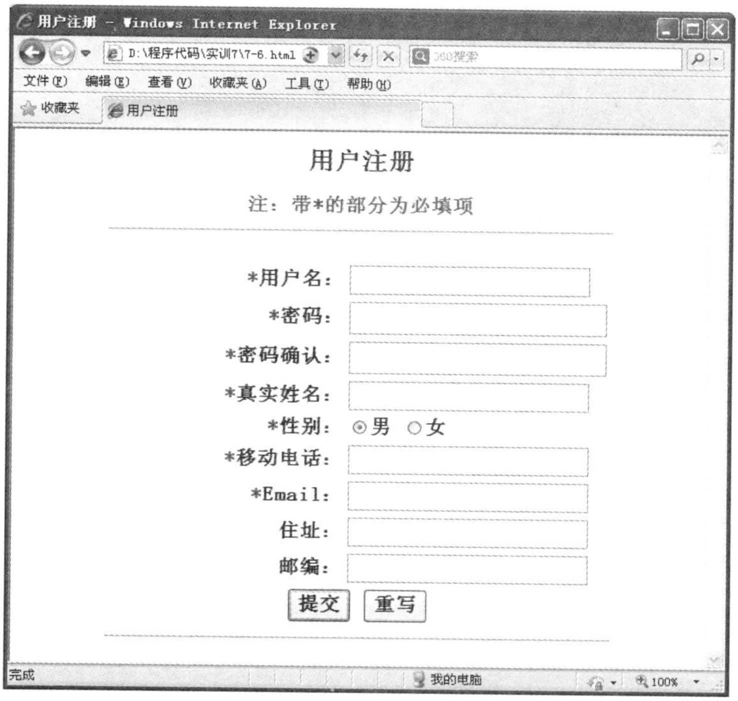

图 7-7 美化后的用户注册页面

任务 3：实现表单信息验证

步骤 1：

在会员登录页面中，通过使用 JavaScript 脚本实现对用户名和密码的信息验证，设置为必填项，即不能为空。打开程序 7-3.html，在<head></head>标记之间添加如下脚本代码：

```
<!--程序 7-7.html-->
……
<script type="text/javascript">
function check()
{
  var userName=document.getElementById("userName").value;
  var userPwd=document.getElementById("userPwd").value;
  if(userName=="")
  {
    alert("用户名不能为空!");
return;
  }
  if(userPwd=="")
  {
    alert("密码不能为空!");
return;
  }
}
</script>
……
```

修改表单中“登录”按钮的<input>标签，添加 onclick 属性调用 JavaScript 函数 check()，实现在单击“登录”按钮时对表单信息进行验证。

```
……
<input type="submit" name="Submit" value="登录" onclick="return check()"/>
……
```

说明：

（1）JavaScript 是一种解释性的、事件驱动的、面向对象的、安全的以及和平台无关的脚本语言，是动态 HTML 技术的重要组成部分。JavaScript 用来改进页面设计、响应用户操作、验证用户的输入、动态维护页面内容等。利用 JavaScript，可以编写一段用于检查输入完整性和正确性的 JavaScript 程序嵌入到 HTML 页面中，在提交之前可以即时执行这段代码，如果发现用户的输入错误，可以在提交之前告知用户，提示修改。

（2）上面 JavaScript 脚本中定义了一个验证用户名和密码不能为空的函数 check()。

（3）使用脚本中 document 对象的 getElementById()方法获取对应表单元素对象，并使用 value 属性获取表单元素内的值。

（4）使用 alert()方法显示消息框，给用户相应提示。

（5）在<input>标签内添加的 onClick 属性，目的是当单击“登录”按钮时调用 check()方法实现信息验证。若没有填写用户名或密码信息就单击“登录”按钮，将显示相关的提示信息。

程序 7-7 在浏览器中的运行效果如图 7-8 所示。

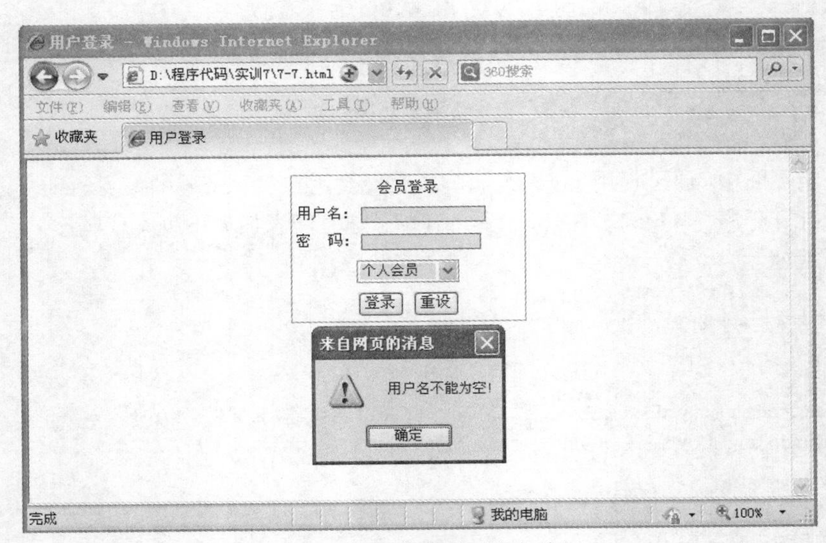

图 7-8 会员登录页面信息验证

步骤 2：

在用户注册页面中，通过使用 JavaScript 脚本实现对用户名、密码、密码确认、真实姓名、性别、移动电话、E-mail 和邮编的信息验证，设置为必填项，即不能为空；并设置移动电话及 E-mail 的有效性验证；同时对移动电话和邮编进行数字输入控制。打开程序 7-6.html，在<head></head>标记之间添加脚本如下：

```
<!--程序 7-8.html-->
……
```

```
<script type="text/javascript">
    function check()
    {
        var userName=document.getElementById("userName");          //获取控件
        if(userName.value=="")                                       //判断
        {
            alert("用户名不能为空！");                                //提示
            userName.focus();                                        //设置焦点
            return false;
        }

        var pwd=document.getElementById("password");                 //获取控件
        if(pwd.value=="")                                            //判断
        {
            alert("密码不能为空！");                                  //提示
            pwd.focus();                                             //设置焦点
            return false;
        }
        var confirmPwd=document.getElementById("confirmPwd");        //获取确认密码控件
        if(pwd.value != confirmPwd.value)
        {
            alert("两次密码不一致！");                                //提示
            confirmPwd.focus();                                      //设置焦点
            return false;
        }

        var realName=document.getElementById("realName");            //获取控件
        if(realName.value=="")                                       //判断
        {
            alert("真实姓名不能为空！");                              //提示
            realName.focus();                                        //设置焦点
            return false;
        }

        var telphone=document.getElementById("telphone");            //获取控件
        if(telphone.value=="")                                       //判断
        {
            alert("联系方式不能为空！");                              //提示
            telphone.focus();                                        //设置焦点
            return false;
        }
        else
        {
            var pattern=/^13[5|8|9][0-9]{8}$/;                       //正则表达式
            var rel=pattern.test(telphone.value);                    //模式匹配
            if(!rel)                                                 //匹配成功返回 true，否则返回 false
            {
                alert("移动电话格式不对");
                return false;
            }
```

```
            }
            var email=document.getElementById("email");           //获取控件
            if(email.value=="")                                    //判断
            {
                alert("邮箱不能为空！");                          //提示
                email.focus();                                     //设置焦点
                return false;
            }
            else
            {
                var pattern=/^([a-zA-Z0-9]+[_|\_|\.]?)*[a-zA-Z0-9]+@([a-zA-Z0-9]+[_|\_|\.]?)*[a-zA-Z0-9]+\.[a-zA-Z]
                {2,3}$/;                                           //正则表达式
                var rel=pattern.test(email.value);                 //模式匹配
                if(!rel)                                           //匹配成功返回 true，否则返回 false
                {
                    alert("邮箱格式不对");
                    return false;
                }
            }
            var postCode=document.getElementById("postCode");     //获取控件
            if(postCode.value!="")                                 //判断
            {
                var pattern=/^[1-9][0-9]{5}$/;                     //正则表达式
                var rel=pattern.test(postCode.value);              //模式匹配
                if(!rel)                                           //匹配成功返回 true，否则返回 false
                {
                    alert("邮编格式不对");
                    return false;
                }
            }
        }

        function limitInput()
        {
            if(event.keyCode<48 ||event.keyCode>57)
            {
                event.returnValue=false;
            }
            return true;
        }
    </script>
    ……
```

调用脚本函数验证表单，还可以在表单的开始标记中实现，在<form>标记中添加 onsubmit 属性，实现对验证函数的调用：

```
……
<form id="form1" name="form1" method="post" action="" onsubmit="return check()">
  ……
```

分别在填写移动电话和邮政编码对应的<input>标签中添加 onkeyPress 属性，当触发键盘的输入事件时将调用另一个验证函数 limitInput()，实现输入时只能输入数字的验证。

```
……
<input type ="text" id="telphone" name="telphone" size="19" maxlength="11" onkeyPress="return limitInput();">
……
<input type ="text" id="postCode" name="postCode" size="19" maxlength="6" onkeyPress="return limitInput();">
……
```

说明：

（1）JavaScript 的函数有系统本身提供的内部函数，也有系统对象定义的函数，还包括程序员自定义的函数。一个函数代表了一个特定的功能。

（2）定义函数时需在函数名前加关键字 function。

（3）JavaScript 中变量的声明使用关键字 var。

（4）JavaScript 中可以使用 document 对象访问所有页面元素。document 对象是 window 对象的一部分，虽然可以通过 window.document 属性获得，但编程中，可以直接使用 document 名称访问页面中的各个元素。

（5）document 对象的 getElementById()函数返回的是一个页面元素的引用。使用 value 属性获取相应页面元素的值（内容）。

程序 7-8 在浏览器中的运行效果如图 7-9 所示。

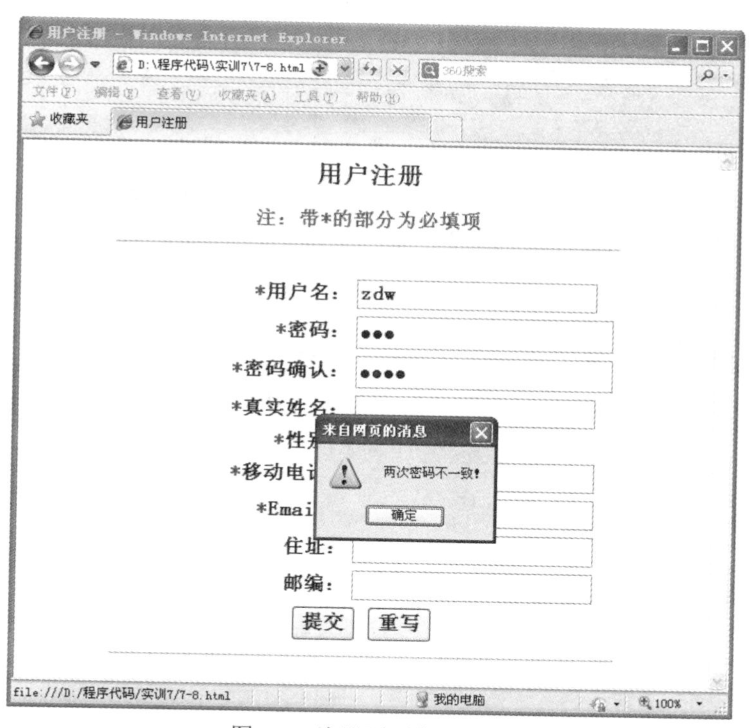

图 7-9 注册页面信息验证

7.5 总结与思考

表单在网页中用来给访问者填写信息，从而获得用户信息，使网页具有交互的功能。一般将表单设计在一个 HTML 文档中，当用户填写完信息，执行提交操作后，表单的内容就从客户端的浏览器传送至服务器上，经过服务器上的服务器处理程序处理后，再将用户所需信息传送回客户端的浏览器上，这样网页就具有了交互性。

请完成如图 7-10 所示的网站留言板页面的制作。

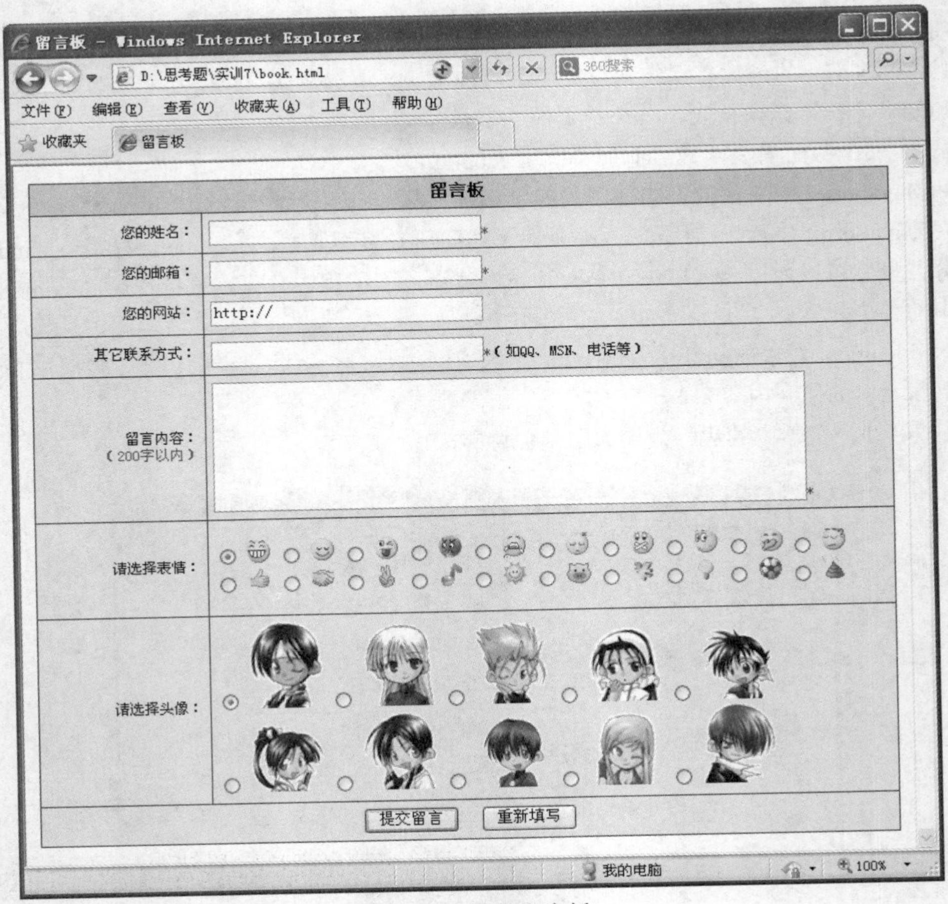

留言板 - Windows Internet Explorer

D:\思考题\实训7\book.html

360搜索

文件(F)　编辑(E)　查看(V)　收藏夹(A)　工具(T)　帮助(H)

收藏夹　留言板

留言板	
您的姓名：	*
您的邮箱：	*
您的网站：	http://
其它联系方式：	*（如QQ、MSN、电话等）
留言内容： （200字以内）	*
请选择表情：	
请选择头像：	
提交留言　重新填写	

我的电脑　100%

图 7-10　网站留言板

实训八
使用 DIV+CSS 布局网站首页

8.1 实训目标

- 理解 CSS 在网页风格设计中的作用
- 掌握用 DIV+CSS 的方式来写 HTML 页面
- 掌握用 CSS 控制背景图片的显示方式
- 掌握用 CSS 设置无序列表

8.2 实训内容

DIV+CSS 的布局方式是目前主流的网页布局方式。使用 DIV+CSS 能够简化代码，并加快显示速度。本实训将使用 DIV+CSS 技术实现一个企业网站首页设计。

8.3 实训效果

网站首页运行效果如图 8-1 所示。

图 8-1　网站首页效果图

8.4 实现过程

任务 1：企业网站布局设计

步骤 1：

创建站点文件夹，如本次实训站点文件夹为“实训 8”，在该站点文件夹下面创建 images 文件夹，将前面准备好的图片素材复制到 images 文件夹下。在站点下继续创建 CSS 文件夹，并在其下创建 layout.css 文件，用来存放外部样式表。结构如图 8-2 所示。

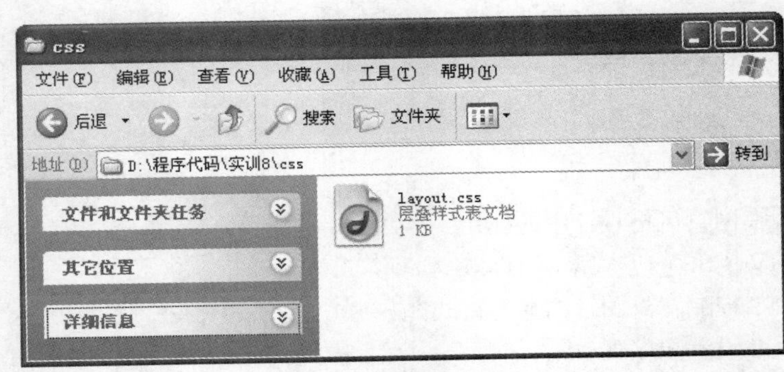

图 8-2　站点结构图 1

步骤 2：

打开编辑环境，创建 HTML 文档 8-1.html，并保存到指定站点文件夹下，站点结构如图 8-3 所示。

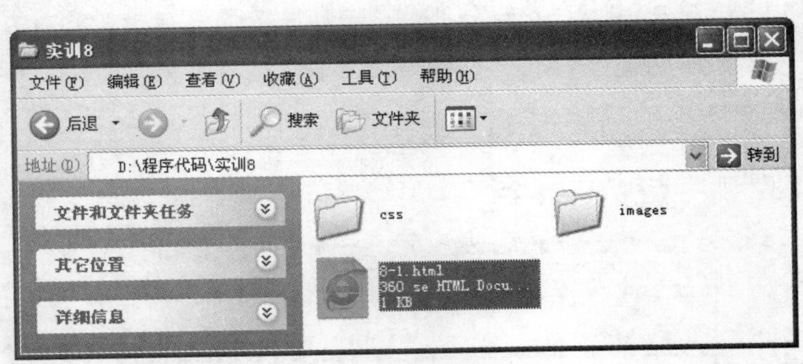

图 8-3　站点结构图 2

步骤 3：

在 8-1.html 文档中输入 HTML 文档的基本结构，修改标题为“金朝阳集团有限公司首页”，同时在<head</head>标记之间添加<link>标记使用外部 CSS 文件，代码如下：

```
<!--程序 8-1.html-->
<html>
<head>
<title>金朝阳集团有限公司首页</title>      <!--设置网页标题-->
<link href="css/layout.css" rel="stylesheet" type="text/css" />
```

```
</head>
<body>
<!--此处为网页显示内容-->
</body>
</html>
```

步骤 4：

了解 DIV+CSS 布局技术。页面布局技术始终是网页设计中的一个核心问题，包括技术和美学两个方面的问题，两者结合得非常紧密。DIV+CSS 的布局方式是目前主流的网页布局方式。尤其适合内容信息量大，版块较多，且经常进行版面更新的大型门户网站。网页制作时采用 DIV+CSS 技术，可以有效地对页面的布局、字体、颜色、背景和其他效果实现精确控制，并且只要对相应的代码做一些简单的修改，就可以改变同一页面的不同部分，或不同页面的外观和格式。使用 DIV+CSS 能够简化代码，并加快显示速度。

<div>和<span>标记都可以为其中内容添加各种样式，正是有了这两个元素，使得样式定义变得更为灵活和规范。<div>标记主要用来定义网页上的区域，通常用于比较大范围的设置，而<span>标记被用来组合文档中的行内元素。

目前 DIV+CSS 布局常用的几种形式如图 8-4 所示。

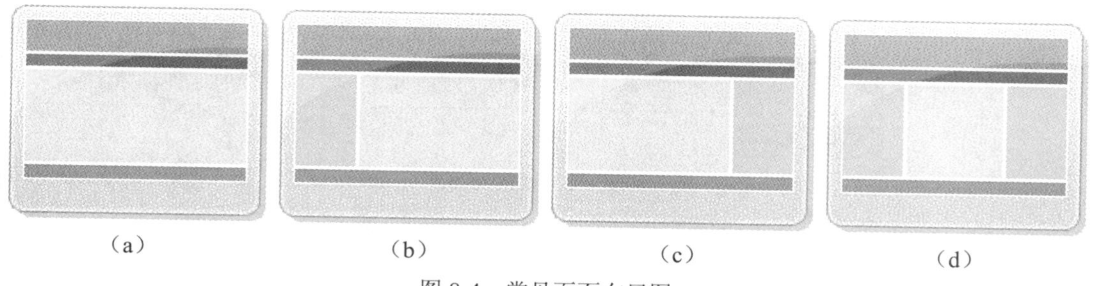

（a）　（b）　（c）　（d）

图 8-4　常见页面布局图

图 8-4 中几种布局都是标准的“头部+导航+内容+尾部”的布局方式，其中内容部分的布局又可以分为 2 列左窄右宽型、2 列右窄左宽型、3 列宽度居中等几种方式。这些页面布局的基本原则是为每个独立的部分建立一个 div 层。以“头部+导航+2 列右窄左宽型+尾部”布局为例，其 div 布局如下：

```
<div id="container">
  <div id="header">This is the Header</div>
  <div id="menu">This is the Menu</div>
  <div id="mainContent">
    <div id="sidebar">This is the sidebar</div>
    <div id="content">This is the content</div>
  </div>
  <div id="footer">This is the footer</div>
</div>
```

然后利用 CSS 属性对 div 层进行版式等相关信息的控制。例如，sidebar 层和 content 层的相对位置可以通过设定“#sidebar{float:right;}”和“#content{float:left}”进行，即通过设定层的向右浮动和向左浮动完成定位，具体可参见表 3-4 所示的布局属性。DIV+CSS 布局的难度主要在于如何使用 CSS 属性实现对 div 层的精准控制，具体请参见图 4-4 所示的盒模型。

步骤 5：

企业网站布局分析与设计。通过效果图来规划页面的布局。经过分析页面结构大致分为以下几个部分：

（1）头部区域：包含网站 Logo 和导航菜单。

（2）展板区域：包含一张 banner 图片。

（3）主体部分：分为侧边栏和主体内容。

（4）底部：包含一些版权信息。

根据结构分析，设计层结构如图 8-5 所示。

头部区域	
banner	
内容区域	
侧边栏	主体内容
底部版权区域	

图 8-5　网站布局图

其 div 结构为如下的代码块，在<body></body>中添加如下代码：

```
<!--程序 8-2.html-->
    ……
<div id="container">
    <div id="header">
        <!--页面头部内容-->
    </div>
    <div id="banner">
        <!--页面 banner 内容-->
    </div>
    <div id="content"> <!--页面主体-->
        <div id="sidebar"><!--侧边栏--></div>
        <div id="mainbody"><!--主体内容--></div>
    </div>
    <div id="footer">
        <!--页面页脚内容-->
    </div>
</div>
    ……
```

说明：

（1）id 值为 container 的<div>标记作为页面布局的最外层控制容器，所有其他内容，如头部、banner、页面主体、页脚四个部分均放在控制容器内。

注：整个页面内容在网页中是居中对齐的，我们可以分别设置 header、banner、pagebody 和 footer 居中对齐，但这么做很麻烦，有了外层控制容器，即可将所有内容包含进来，直接控制这个外层容器就可以达到我们想要的效果了。

（2）有了这些分析，页面布局与规划已经完成，接下来要做的就是开始完成 HTML 代码和 CSS 搭建整个页面的外观效果。

步骤 6：

定义结构的外观。全局的 CSS 文件主要规定了网站的统一视觉效果。例如，基本的页面宽度、网页背景颜色、默认字体风格以及主体结构的相对位置等。打开站点中的 CSS 文件夹下的 layout.css 文件，在 layout.css 文件中，依次对网页的基本样式、头部、banner、内容和底部进行定义。首先定义基本信息部分，基本信息部分主要用于网站的全局默认风格的定义，主要包括页面背景颜色、背景图片、超链接、字体、字号、字间距、列表等样式定义。这部分信息主要针对 body 标记、a 标记和 ul 标记进行。代码如下：

```
/*样式 layout.css */
body {font:12px Tahoma;margin:0px;text-align:center;background:#FFF;}
ul{list-style:none;margin:0px;}
a:link,a:visited {font-size:12px;text-decoration: none;font-weight:bold;color:#666}
```

说明：

（1）利用 font 综合属性设置整个页面的字号为 12px，字体为 Tahoma。“margin:0px;”设置去掉 body 默认的外边距。“text-align:center;”设置整个页面内容居中对齐。“background:#FFF;”设置整个页面背景为白色。

（2）“list-style:none;margin:0px;”去掉无序列表的实训符号和外边距。

（3）通过超链接伪类设置超链接正常状态下和被访问状态下字号为 12px、无下划线、字体加粗显示、颜色为灰色。

步骤 7：

在 layout.css 文件中分别设置每一个 div 层的样式，代码如下：

```
/*样式 layout.css */
……
#container {width:900px;margin:5px auto; }
#header{height:74px;background:#66FFFF;margin:5px;}
#banner{height:345px;background:#FFFF99;margin:5px;}
#content{height:95px;background:#FF9933;margin:5px;}
#sidebar {width:450px;height:95px; text-align:left; float:left; background:#ccc}
#mainbody {width:400px;height:95px;text-align:left; float:right;background:#ccc}
#footer{height:50px;background:#FFCC99;margin:5px;}
```

说明：

（1）首先设置最外层容器 div 的样式，控制整个页面对齐及效果。指定容器宽度为 900px；与页面上下边距为 10px，左右为 auto 控制 div 左右居中对齐，这样整个页面的内容也将居中对齐。

（2）头部内容设置 div 高度为 74 像素，div 高度的设置取决于实际图片素材中 Logo 的高度；设置背景颜色为“#66FFFF”；为 div 添加 5 像素的外边距（上、右、下、左四个方向）。这样在当前布局时能体现出层次感。

注：背景颜色和外边距在后面也将删除掉。

（3）分别设置 banner、页面主体部分、页脚的布局效果，与 header 的设置类似。

（4）设置侧边栏向左浮动，主体内容向右浮动的效果。其他同上。

程序 8-2 在浏览器中的运行效果如图 8-6 所示。

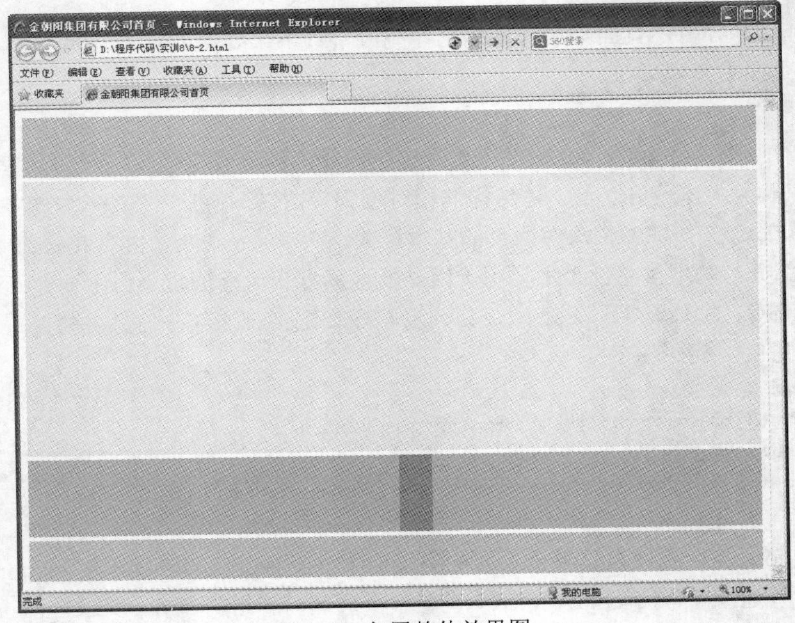

图 8-6　各层整体效果图

任务 2：页面各区域内容实现

步骤 1：

设计网页头部效果，添加菜单列表。通过对页面效果和图片素材分析，头部包含 Logo 和导航两个部分，而 Logo 部分应设置为背景图片，所以只需在 id 属性值为 header 的 div 中添加一个 id 属性值为 menu 的 div，用于布局导航菜单。代码如下：

```
<!--程序 8-3.html-->
……
<div id="menu">
    <ul>
        <li><a href="#">首页</a></li>
        <li class="menuDiv"></li>
        <li><a href="#">公司简介</a></li>
        <li class="menuDiv"></li>
        <li><a href="#">产品中心</a></li>
        <li class="menuDiv"></li>
        <li><a href="#">服务网络</a></li>
        <li class="menuDiv"></li>
        <li><a href="#">在线订单</a></li>
        <li class="menuDiv"></li>
        <li><a href="#">关于我们</a></li>
    </ul>
</div>
……
```

说明：

（1）导航菜单主要通过无序列表和超链接来实现。

（2）class 属性值为 menuDiv 的<li>标记用于控制导航文字之间的分隔线效果，可以通过 CSS 样式表中的类选择符来控制。

注：类选择符和 id 选择符的区别在于，在一个 HTML 文档中可以有多个 html 标记指定相同的类名称（即 class 属性值），但是在一个 HTML 文档中 html 标记的 id 属性值不能重复。在 CSS 中类选择符是以“.”开头的，而 id 选择符是以“#”开头的。

步骤 2：

设置 logo 图像。在 layout.css 样式表中修改 id 值为“#header”的 div 对应的 CSS 样式，代码如下：

```
/*样式 layout.css */
……
#header {height:74px;background:url(../images/logo.gif)   no-repeat;}
……
```

说明：

利用 CSS 背景的综合属性 background 为头部添加背景图片，url 指定背景图片所在路径，“no-repeat:”表示图片不平铺。

注：此处的“url(../images/logo.gif)”采用的是相对路径，表示的含义是在 layout.css 文件所在目录的上一层目录中去查找 images 文件夹中的 logo.gif 图片。

程序 8-3 在浏览器中的运行效果如图 8-7 所示。

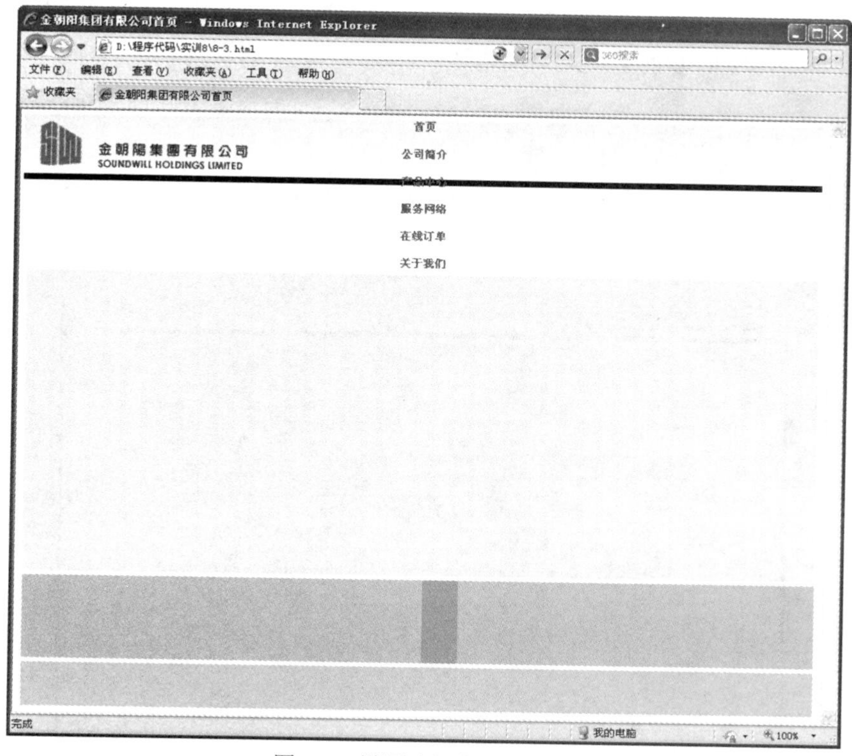

图 8-7　设置头部背景效果图

步骤 3：

设计导航菜单。通过对列表进行样式控制，实现导航菜单水平显示。在 layout.css 样式表中添加导航菜单对应的 CSS 样式表，代码如下：

```
/*样式 layout.css */
……
#menu {padding:20px 20px 0 0;}
#menu ul {float:right;}
#menu ul li {float:left;line-height:30px;margin:0 10px;}
.menuDiv {width:1px;height:28px;background:#999}
……
```

说明：

（1）#menu{padding:20px 20px 0 0}：按上、右、下、左的顺序设置#menu 的 div 产生上 20px 的内边距、右 20px 的内边距。此处代码主要通过调整内边距控制导航菜单在#header 的 div 中的位置。

（2）#menu ul {float:right; }：根据对页面效果图的分析，logo 对应的图标应在左侧显示，而导航部分在右侧显示，所以此处利用父子选择符控制#menu 的 div 下的“ul”向右浮动，即右对齐。

（3）#menu ul li {float:left;line-height:30px;margin:0 10px}：“float:left;”设置无序列表中的列表项向左浮动，这样可以使用无序列表水平排列。“line-height:30px;”通过设置行间距使列表中的文字产生垂直对齐的效果。“margin:0px 10px”为外边距设置 2 个值，第一个值 0px 代表上、下为 0px，第二个值 10px 代表左、右为 10px 的外边距。此设置可以让列表项中的 li 在水平方向上产生一定的间距。

（4）.menuDiv {width:1px;height:28px;background:#999}：此处是利用类选择器，控制多个添加了类名称为 menuDiv 的 li 的宽度为 1px，高度为 28px，背景为灰色，这样即可产生一种分隔线的效果。

程序 8-3 在浏览器中的运行效果如图 8-8 所示。

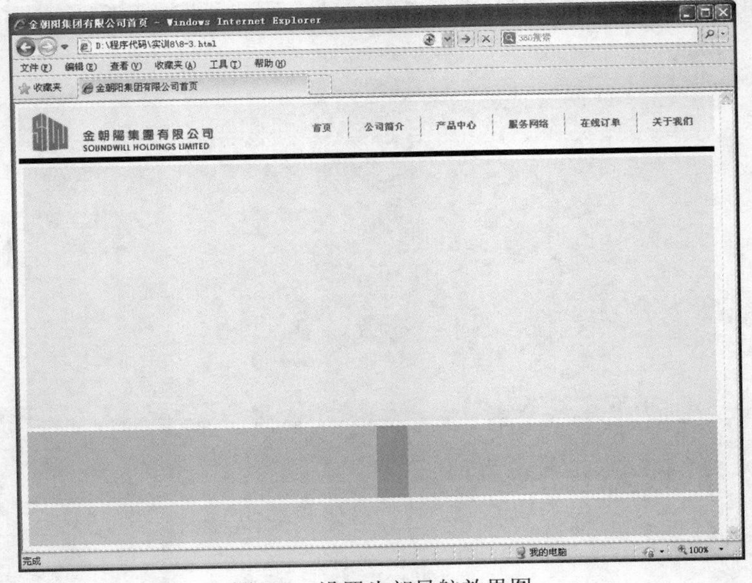

图 8-8　设置头部导航效果图

步骤 4：

设计 banner 部分。在 layout.css 样式中修改#banner 中的 CSS 样式，代码如下：

```
/* 样式 layout.css */
……
#banner{height:345px;background:url(../images/banner.jpg) no-repeat;margin-top:5px;border-bottom:5px solid #EFEFEF;}
……
```

说明：

修改页面布局#banner 的 CSS 代码，将背景颜色改成背景图片，添加"border-bottom:5px solid #EFEFEF;"语句，设置下边框为 5px、颜色为"#EFEFEF"的细线，修改外边距为"margin-top:5px;"，只产生向上的外边距。

程序 8-3 在浏览器中的运行效果如图 8-9 所示。

图 8-9　设置 banner 效果图

步骤 5：

添加页面主体内容，分别在 sidebar 和 mainbody 中添加代码如下：

```
<!--程序 8-4.html-->
……
<div id="sidebar">       <!--侧边栏-->
    <img src="images/pro1.jpg" width="116" height="73" />
    <img src="images/pro2.jpg" width="75" height="73" />
    <img src="images/pro3.jpg" width="135" height="71" />
    <img src="images/pro4.jpg" width="76" height="72" />
</div>
<div id="mainbody">      <!--主体内容-->
    <img src="images/menu1.gif" height="29" />
```

```
        <div class="news">金朝阳（00878）全年赚 17.3 亿元升 64%，派息 0.1 元_港股通</div>
        <div class="news">金朝阳陶瓷 2011 年优秀经销商年会盛大召开</div>
        <div class="news">关于金朝阳 360 三维展厅展示软件重新下载的通知 </div>
    </div>
```

说明：

从页面效果图分析，页面主体内容分为左右两部分，即侧边栏和主体内容。侧边栏主要显示四个图片，利用<img>标记完成，宽度和高度依据图片实际高度进行设置。主体内容根据素材发现"新闻公布"为一张图片，新闻内容为文字，大家可以根据自己的想法进行设计，本处使用三个<div>标记来显示新闻内容，并指定类名称，通过类选择符来控制其显示效果。

步骤 6：

设计主体部分样式。在 layout.css 文件中，修改#content、#sidebar、#mainbody 三部分样式，并添加关于页面主体内容的 CSS 代码如下：

```
/*样式 layout.css */
……
#content{height:95px; margin:5px auto;}
#sidebar {width:450px; text-align:left; float:left;}
.news{line-height:22px;color:#666666}
#mainbody {width:400px;text-align:left; float:right;}
……
```

说明：

（1）将#content、#sidebar、#mainbody 三部分的背景颜色去掉。

（2）.news{line-height:22px;color:#666666}：通过类选择符设置新闻内容的行间距和文字颜色。

程序 8-4 在浏览器中的运行效果如图 8-10 所示。

图 8-10　设置主体部分效果图

步骤 7：

最后一部分，在 id 值为 footer 的 div 中添加版权信息的文字，代码如下：

```
<!--程序 8-5.html-->
……
版权所有：&copy;金朝阳集团有限公司
……
```

说明：

“©”是 HTML 文档中的特殊符号，在文字前显示版权符号。

在 layout.css 文件中修改 id 值为 footer 的 div 对应的 CSS 样式，代码如下：

```
/*样式 layout.css */
……
#footer{height:50px;background:#0E3717;color:#FFFFFF;line-height:50px;clear:both;}
……
```

说明：

将页脚部分的背景颜色改成“#0E3717”，文字的颜色为白色，行高为 50px，其值与 height 属性的值相同，这样可以产生垂直对齐的效果。“clear:both;”的作用是清除左右浮动，由于在页面主体内容中两个 div 都进行了浮动，这时会对下面的 div 有影响，所以应清除上面的浮动带来的影响。

程序 8-5 在浏览器中的运行效果如图 8-11 所示。

图 8-11　企业网站首页效果图

8.5 总结与思考

样式就是格式，对于网页来说，像网页显示文字的大小、颜色，图片位置以及段落、列表等，都是网页显示的样式。层叠就是指当 HTML 文件引用多个 CSS 样式时，如果 CSS 的定义发生冲突，浏览器将依据层次的先后顺序来应用样式，如果不考虑样式的优先级，一般会遵循“最近优选原则”。

CSS 能将样式的定义与 HTML 文件内容分离。只要建立定义样式的 CSS 文件，并且让所有的 HTML 文件都来调用 CSS 文件所定义的样式，这样如果要改变 HTML 文件中任意部分的显示风格时，只要把 CSS 文件打开，在其中更改样式就可以了。

利用 DIV+CSS 技术实现如图 8-12 所示的企业联合会首页的制作。

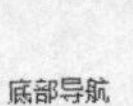

图 8-12 企业联合会首页

实训九

综合案例——我的博客

博客是目前网上很流行的日志形式，很多网友都拥有自己的博客。对于自己的博客用户往往希望能制作出美观又适合自己风格的页面，很多博客网站也都提供自定义排版功能，其实就是加载用户自己定义的CSS文件。下面以一个博客首页为例，综合介绍整个页面的制作方法。

9.1 分析结构

9.1.1 设计分析

一个博客首页通常包含 banner 图片、导航、文章列表和评论列表，并且最近发表的几篇文章都会显示在首页上，如图 9-1 所示。

图 9-1 博客的首页

9.1.2 排版架构

根据设计分析及图示效果，设计的页面布局如图 9-2 所示。

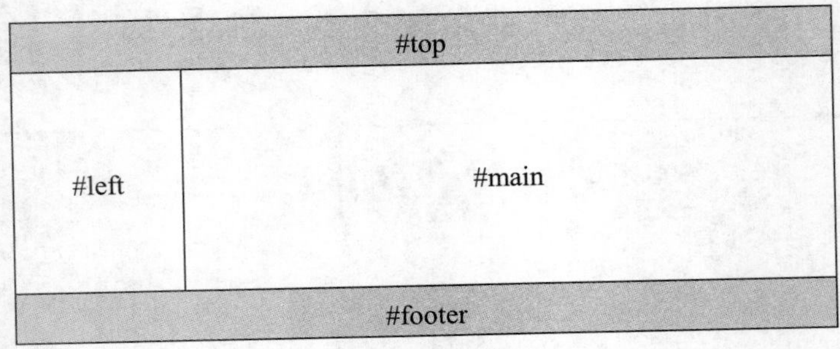

图 9-2 页面框架

布局代码如下：

```
<div id="container">
    <div id="top"></div>
    <div id="content">
        <div id="left"></div>
        <div id="main"></div>
    </div>
    <div id="footer"></div>
</div>
```

其中，#container 用来控制整体布局，#left 和#main 的位置为左右排列，需要用 CSS 样式处理。本例中 CSS 代码单独存储在 index.CSS 文件中，存储在“实训九”文件夹中的 CSS 文件夹下（注意引用资源的相对路径）。相应的 CSS 样式布局代码如下：

```
#container{
    width:880px;
    margin:auto;
}
/*content 块样式*/
#content{
    margin:5px 0 5px 0;
}
/*left 块样式*/
#left{
    float:left;
    width:235px;
}
/*main 块样式*/
#main{
    padding-left:260px;
    width:615px;
}
/*footer 块样式*/
#footer{
    clear:both;            /*消除 float 影响*/
}
```

在#top 区域主要包含 banner 和导航，在#left 区域主要包含博主信息、最新文章、热门文章和最新评论等，在#main 区域主要包含最新发表的文章。其中#left 和#main 框架占据了页面的主要位置，在设计的细节处理上要十分注意。相应的代码如下：

```
<div id="left">
    <h5>关于博主</h5>
    <ul> </ul>
    <h5>最新文章</h5>
    <ul class="list">...</ul>
    <h5>热门文章</h5>
    <ul class="list">...</ul>
    <h5>最新评论</h5>
    <ul class="list">...</ul>
</div>
<div id="main">
    <div class="article"></div>
    <div class="article"></div>
    <div class="article"></div>
    ...
</div>
```

9.2 模块设计

页面的整体布局有了大体的设计之后，对各个模块分别进行处理，最后统一整合。

9.2.1 导航与 banner

在#top 块中主要放置 banner 图片和导航菜单。我们可以将 banner 图片作为背景，菜单和标题通过相对定位的方法进行定位，效果如图 9-3 所示。

图 9-3 banner 与导航条

banner 图片的制作比较简单，读者可自行完成。菜单导航的设计制作可以采用<ul>实训列表，相关内容前面已经介绍，方法比较简单，代码如下：

```
<div id="top">
    <h1>我的博客</h1>
```

```
    <ul>
        <li><a href="#">首页</a></li>
        <li><a href="#">日志</a></li>
        <li><a href="#">相册</a></li>
        <li><a href="#">音乐</a></li>
        <li><a href="#">收藏</a></li>
        <li><a href="#">博友</a></li>
        <li><a href="#">关于博主</a></li>
    </ul>
</div>
```

#top 块相应的 CSS 样式代码如下：

```
/*top 块样式*/
#top{
    width:880px;height:300px;            /*设置块的尺寸，高度大于 banner 图片*/
    background:#daeeff url(../images/bannar.jpg) no-repeat top;
    font-size:12px;
}
#top h1{
    color:#ffffff;
    text-align:center;
    margin:0;
    padding-top:25px;                    /*相对定位*/
}
#top ul{
    list-style-type:none;
    padding:0;
    margin:200px 0 0 300px;              /*相对定位*/
}
#top li{
    float:left;                          /*横向列表*/
    text-align:center;
    padding:0px 16px 0px 6px;            /*各个链接之间的距离*/
}
#top a:link,#top a:visited{
    color:#004a87;
    text-decoration:none;
}
#top a:hover{
    color:#ff00cc;
    text-decoration:underline;
}
```

9.2.2　左侧列表

博客的#left（左侧列表）块包含了博客的各种信息，包含博主的资料、最新文章、热门文章和最新评论等，效果如图 9-4 所示。

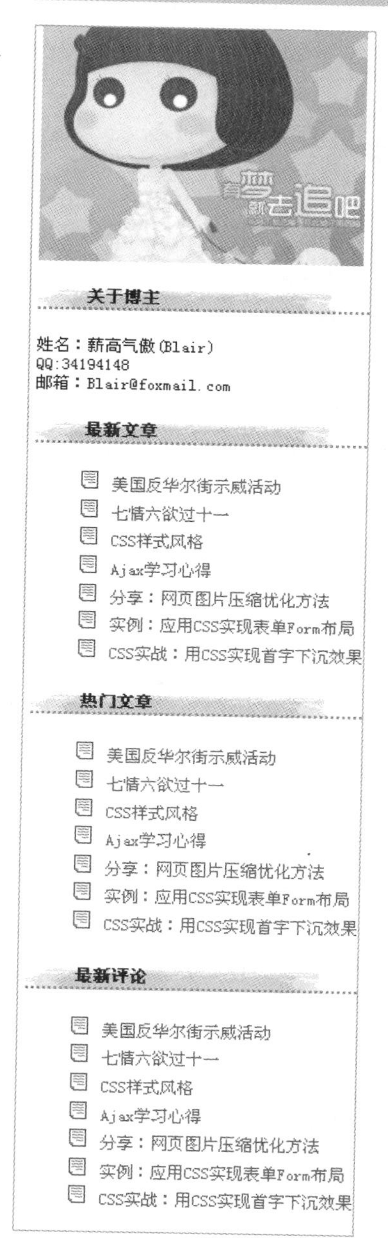

图 9-4 左侧列表

我们已将左侧栏设置宽度为 240px，并且向左浮动，其他设置代码如下：

```
#left{
    float:left;
    width:240px;
    font-size:12px;
    padding:0 5px 0 5px;
    margin-bottom:5px;
    border:#999999 solid 1px;
}
```

#left 块设置好后，可以在块内放置相应的页面元素，代码如下：

```
<div id="left">
    <img src="images/mypic.jpg" />
    <h5>关于博主</h5>
    <p>姓名：薪高气傲（Blair）<br>
        QQ:34194148<br>
        邮箱：Blair@foxmail.com</p>
    <h5>最新文章</h5>
    <ul class="list">
        <li><a href="#">美国反华尔街示威活动</a></li>
        <li><a href="#">七情六欲过十一</a></li>
        <li><a href="#">CSS 样式风格</a></li>
        <li><a href="#">Ajax 学习心得</a></li>
        <li><a href="#">分享：网页图片压缩优化方法</a></li>
        <li><a href="#">实例：应用 CSS 实现表单 Form 布局</a></li>
        <li><a href="#">CSS 实战：用 CSS 实现首字下沉效果</a></li>
    </ul>
    <h5>热门文章</h5>
    <ul class="list">
        <li><a href="#">美国反华尔街示威活动</a></li>
        <li><a href="#">七情六欲过十一</a></li>
        <li><a href="#">CSS 样式风格</a></li>
        <li><a href="#">Ajax 学习心得</a></li>
        <li><a href="#">分享：网页图片压缩优化方法</a></li>
        <li><a href="#">实例：应用 CSS 实现表单 Form 布局</a></li>
        <li><a href="#">CSS 实战：用 CSS 实现首字下沉效果</a></li>
    </ul>
    <h5>最新评论</h5>
    <ul class="list">
        <li><a href="#">美国反华尔街示威活动</a></li>
        <li><a href="#">七情六欲过十一</a></li>
        <li><a href="#">CSS 样式风格</a></li>
        <li><a href="#">Ajax 学习心得</a></li>
        <li><a href="#">分享：网页图片压缩优化方法</a></li>
        <li><a href="#">实例：应用 CSS 实现表单 Form 布局</a></li>
        <li><a href="#">CSS 实战：用 CSS 实现首字下沉效果</a></li>
    </ul>
</div>
```

对左侧页面元素的样式加以设置，CSS 代码如下：

```
#left a:link,#left a:visited{
    color:#234a87;
    text-decoration:none;
}
#left a:hover{
    color:#FF00CC;
    text-decoration:underline;
```

```
    }
    #left h5{
        border-bottom:#0099ff 2px dotted;
        background:url(../images/leftbg.jpg) no-repeat;
        padding-left:35px;
        font-size:12px;
    }
    #left .list{
        list-style-image:url(../images/4.gif);
        margin-left:5px;
        line-height:1.6em;
    }
```

9.2.3 内容部分

内容部分#main 块位于页面的主体位置，我们已将其宽度设定为 625px，设置成左浮动，并且适当调整 margin 的值。代码如下：

```
/*main 块样式*/
#main{
    padding-left:260px;
    width:615px;
    font-size:12px;
}
```

对于#main 块进行整体设置后便可以制作各子块，每个子块放置一篇文章，包括文章标题、作者、时间、正文截取、浏览次数和评论等。代码如下：

```
<div class="article">
    <h3><a href="#">美国反华尔街示威活动</a></h3>
    <p class="author">作者：中新网 2011 年 10 月 03 日</p>
    <p>中新网 10 月 3 日电   据外媒 3 日报道，美国纽约爆发的“占领华尔街”抗议活动已经持续了两周，目前，这股抗议浪潮已经向美国其他城市蔓延，其中，洛杉矶、波士顿、芝加哥、丹佛和西雅图都发生了抗议活动。</p>
    <p>9 月 17 日开始，近千美国人在纽约华尔街附近游行。这场由反消费网络杂志“广告克星”组织在网上发起、名为“占领华尔街”的活动，旨在表达对美国金融体系的不满，抗议金融体系“青睐”权贵阶层的现实。目前这次活动已经持续了半个月，警方逮捕了 700 多名示威者。然而，活动热度只升不降，并席卷到了美国各大城市。</p>
    <p>......</p>
    <p class="show">浏览[1051] | 评论[5]</p>
</div>
```

从代码中可以看出，对于类别为.article 的子块的每个实训，都设置了相应的 CSS 样式，这样就能够对所有的内容精确控制样式风格。

设计整体思路考虑以简洁、明快为指导思想，形式上结构清晰、干净利落。标题采用暗红色达到突出而又不刺眼的目的，作者和时间字体灰色右对齐，并且与标题用虚线分割，然后调整各个块的 margin 以及 padding 值。CSS 代码如下：

```
#main .article{
    border:solid 1px #999999;
    position:relative;
    padding:5px;
    margin:0px 0px 5px 0px;
```

```
}
#main .article h3{
    font-size:15px;
    margin:0px;
    padding:0px 0px 3px 0px;
    border-bottom:1px dotted #999999;
}
#main .article h3 a:link,#main div h3 a:visited{
    color:#662900;
    text-decoration:none;
}
#main .article h3 a:hover{
    color:#0072ff;
}
#main p.author{
    margin:0px;
    text-align:right;
    color:#888888;
    padding:2px 5px 2px 0px;
}
#main p{
    margin:0px;
    padding:10px 0px 0px 0px;
    text-indent:2em;
}
#main p.show{
    color:#FF6600;
    text-indent:2em;
}
```

上述代码的细节本书前面的章节中已经详细介绍。此时#main 块的显示效果如图 9-5 所示。

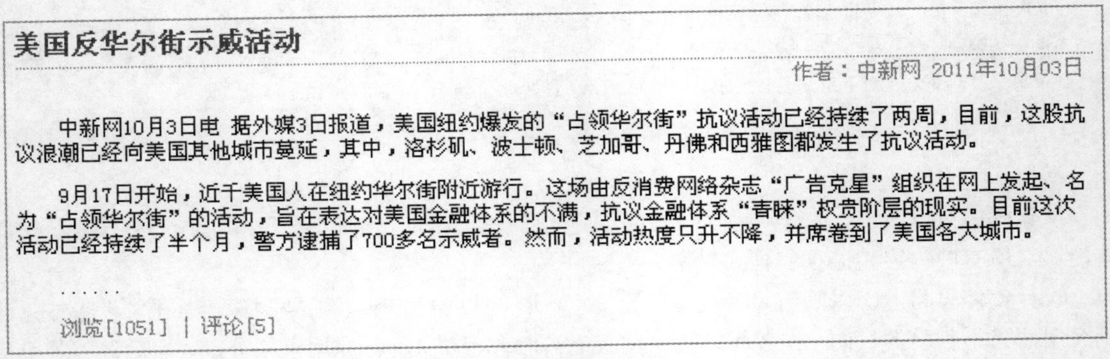

美国反华尔街示威活动

作者：中新网 2011年10月03日

中新网10月3日电 据外媒3日报道，美国纽约爆发的"占领华尔街"抗议活动已经持续了两周，目前，这股抗议浪潮已经向美国其他城市蔓延，其中，洛杉矶、波士顿、芝加哥、丹佛和西雅图都发生了抗议活动。

9月17日开始，近千美国人在纽约华尔街附近游行。这场由反消费网络杂志"广告克星"组织在网上发起、名为"占领华尔街"的活动，旨在表达对美国金融体系的不满，抗议金融体系"青睐"权贵阶层的现实。目前这次活动已经持续了半个月，警方逮捕了700多名示威者。然而，活动热度只升不降，并席卷到了美国各大城市。

……

浏览[1051] | 评论[5]

图 9-5 内容部分效果

9.2.4 footer 脚注

footer 脚注主要用来存放一些版权信息和联系方式，设计比较简单，其 HTML 布局仅一个<div>块中包含一个<p>标记。代码如下：

```
<div id="footer">
    <p>更新时间：2011-10-04 23:17:07 &copy;ALL Rights Reserved</p>
</div>
```

对于#footer 块的设计，主要是符合页面整体风格即可，这里采用浅灰色背景配合浅蓝色文字。CSS 代码如下：

```
/*footer 块样式*/
#footer{
    clear:both;          /*消除 float 影响*/
    text-align:center;
    background-color:#daeeff;
    color:#004a87;
    font-size:12px;
}
#footer p{
    margin:0px;padding:4px;
}
```

9.3 整体调整

通过前面的分析与设计制作，整个页面基本形成。最后对页面效果做一些细节的处理，比如，margin 和 padding 的值是否与整个页面协调，各子块之间是否统一等。

本例采用固定宽度且居中的布局方式，背景设置为浅灰色，整个页面加虚线框，这样看起来比较柔和协调，也适合在大显示器上浏览。CSS 代码如下：

```
body{
    font-family:Arial,Helvetica,sans-serif;
    font-size:12px;
    margin:0px;
    padding:0px;
    text-align:center;
    background-color:#cccccc;
}
#container{
    position:relative;
    width:880px;
    text-align:left;
    margin:1px auto 0px auto;
    background-color:#ffffff;
    border-left:1px dashed #aaaaaa;
    border-right:1px dashed #aaaaaa;
    border-bottom:1px dashed #aaaaaa;
}
```

至此，博客首页制作完成。页面在 IE 浏览器中的显示效果如图 9-6 所示。

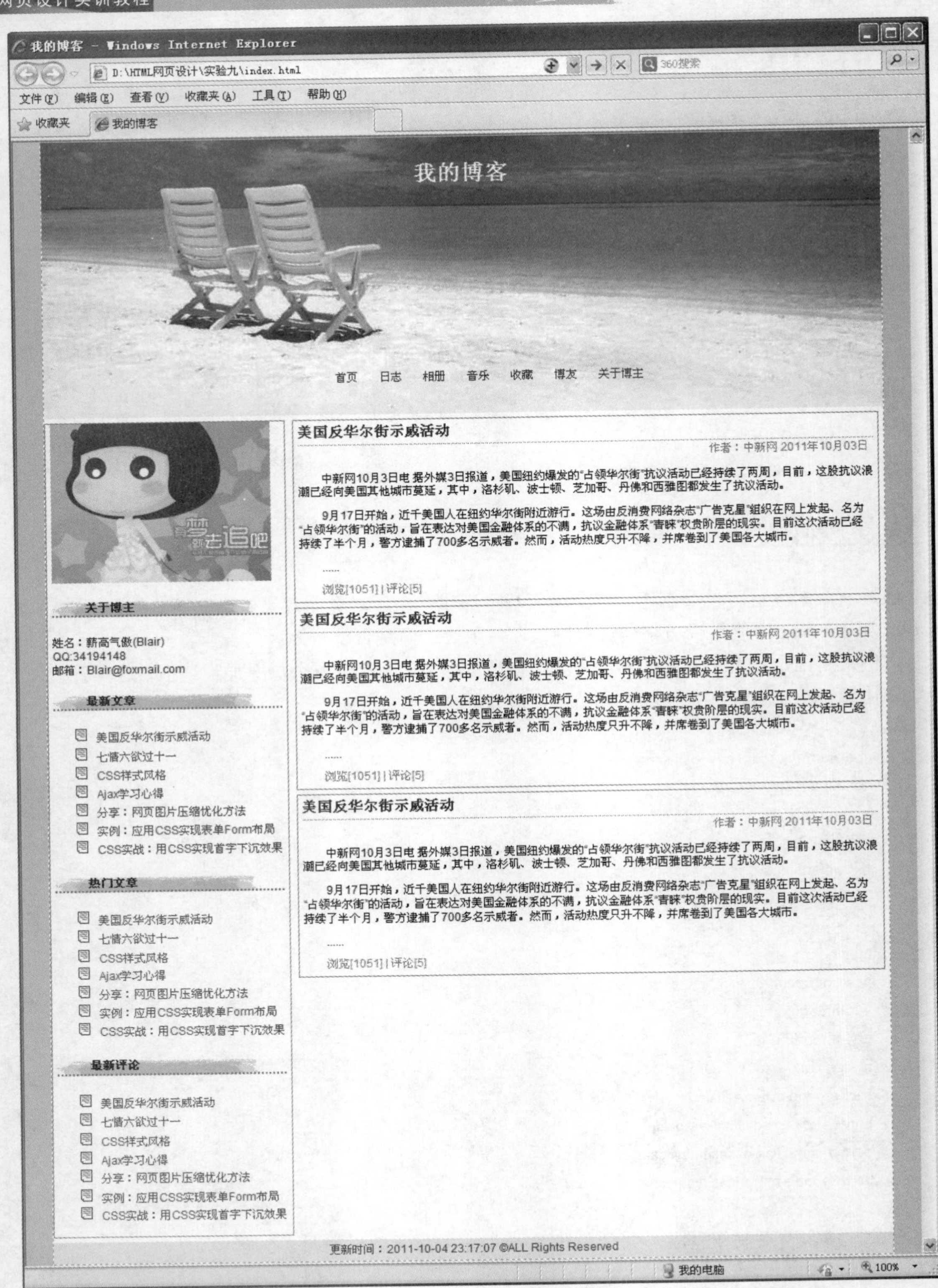

图 9-6 博客首页运行效果

9.4 网页源码

页面完整 HTML 代码如下。源文件：程序代码\实训 9\index.html。

```
<!DOCTYPE HTML PUBLIC "-//W3C//DTD HTML 4.01 Transitional//EN" "http://www.w3.org/TR/html4/loose.dtd">
<html>
 <head>
  <title> 我的博客 </title>
  <link href="CSS/index.CSS" rel="stylesheet" type="text/CSS" />
 </head>
 <body>
  <div id="container">
    <div id="top">
        <h1>我的博客</h1>
        <ul>
            <li><a href="#">首页</a></li>
            <li><a href="#">日志</a></li>
            <li><a href="#">相册</a></li>
            <li><a href="#">音乐</a></li>
            <li><a href="#">收藏</a></li>
            <li><a href="#">博友</a></li>
            <li><a href="#">关于博主</a></li>
        </ul>
    </div>

    <div id="content">
        <div id="left">
            <img src="images/mypic.jpg" />
            <h5>关于博主</h5>
            <p>姓名：薪高气傲(Blair)<br>
                QQ:34194148<br>
                邮箱：Blair@foxmail.com</p>
            <h5>最新文章</h5>
            <ul class="list">
                <li><a href="#">美国反华尔街示威活动</a></li>
                <li><a href="#">七情六欲过十一</a></li>
                <li><a href="#">CSS 样式风格</a></li>
                <li><a href="#">Ajax 学习心得</a></li>
                <li><a href="#">分享：网页图片压缩优化方法</a></li>
                <li><a href="#">实例：应用 CSS 实现表单 Form 布局</a></li>
                <li><a href="#">CSS 实战：用 CSS 实现首字下沉效果</a></li>
            </ul>
            <h5>热门文章</h5>
            <ul class="list">
                <li><a href="#">美国反华尔街示威活动</a></li>
                <li><a href="#">七情六欲过十一</a></li>
                <li><a href="#">CSS 样式风格</a></li>
                <li><a href="#">Ajax 学习心得</a></li>
```

```
                <li><a href="#">分享：网页图片压缩优化方法</a></li>
                <li><a href="#">实例：应用 CSS 实现表单 Form 布局</a></li>
                <li><a href="#">CSS 实战：用 CSS 实现首字下沉效果</a></li>
            </ul>
            <h5>最新评论</h5>
            <ul class="list">
                <li><a href="#">美国反华尔街示威活动</a></li>
                <li><a href="#">七情六欲过十一</a></li>
                <li><a href="#">CSS 样式风格</a></li>
                <li><a href="#">Ajax 学习心得</a></li>
                <li><a href="#">分享：网页图片压缩优化方法</a></li>
                <li><a href="#">实例：应用 CSS 实现表单 Form 布局</a></li>
                <li><a href="#">CSS 实战：用 CSS 实现首字下沉效果</a></li>
            </ul>
        </div>

        <div id="main">
            <div class="article">
                <h3><a href="#">美国反华尔街示威活动</a></h3>
                <p class="author">作者：中新网  2011 年 10 月 03 日</p>
                <p>中新网 10 月 3 日电    据外媒 3 日报道，美国纽约爆发的“占领华尔街”抗议活动已经持续了两
周，目前，这股抗议浪潮已经向美国其他城市蔓延，其中，洛杉矶、波士顿、芝加哥、丹佛和西雅图都发生了抗议活动。</p>
                <p>9 月 17 日开始，近千美国人在纽约华尔街附近游行。这场由反消费网络杂志“广告克星”组织
在网上发起、名为“占领华尔街”的活动，旨在表达对美国金融体系的不满，抗议金融体系“青睐”权贵阶层的现实。目
前这次活动已经持续了半个月，警方逮捕了 700 多名示威者。然而，活动热度只升不降，并席卷到了美国各大城市。</p>
                <p>......</p>
                <p class="show">浏览[1051] | 评论[5]</p>
            </div>
            <div class="article">
                <h3><a href="#">美国反华尔街示威活动</a></h3>
                <p class="author">作者：中新网  2011 年 10 月 03 日</p>
                <p>中新网 10 月 3 日电    据外媒 3 日报道，美国纽约爆发的“占领华尔街”抗议活动已经持续了两
周，目前，这股抗议浪潮已经向美国其他城市蔓延，其中，洛杉矶、波士顿、芝加哥、丹佛和西雅图都发生了抗议活动。</p>
                <p>9 月 17 日开始，近千美国人在纽约华尔街附近游行。这场由反消费网络杂志“广告克星”组织
在网上发起、名为“占领华尔街”的活动，旨在表达对美国金融体系的不满，抗议金融体系“青睐”权贵阶层的现实。目
前这次活动已经持续了半个月，警方逮捕了 700 多名示威者。然而，活动热度只升不降，并席卷到了美国各大城市。</p>
                <p>......</p>
                <p class="show">浏览[1051] | 评论[5]</p>
            </div>
            <div class="article">
                <h3><a href="#">美国反华尔街示威活动</a></h3>
                <p class="author">作者：中新网  2011 年 10 月 03 日</p>
                <p>中新网 10 月 3 日电    据外媒 3 日报道，美国纽约爆发的“占领华尔街”抗议活动已经持续了两
周，目前，这股抗议浪潮已经向美国其他城市蔓延，其中，洛杉矶、波士顿、芝加哥、丹佛和西雅图都发生了抗议活动。</p>
                <p>9 月 17 日开始，近千美国人在纽约华尔街附近游行。这场由反消费网络杂志“广告克星”组织
在网上发起、名为“占领华尔街”的活动，旨在表达对美国金融体系的不满，抗议金融体系“青睐”权贵阶层的现实。目
前这次活动已经持续了半个月，警方逮捕了 700 多名示威者。然而，活动热度只升不降，并席卷到了美国各大城市。</p>
                <p>......</p>
                <p class="show">浏览[1051] | 评论[5]</p>
```

```
            </div>
        </div>
    </div>
    <div id="footer">
        <p>更新时间：2011-10-04 23:17:07 &copy;ALL Rights Reserved</p>
    </div>
  </div>
 </body>
</html>
```

页面所需的 CSS 文件代码如下。源文件：程序代码\实训 9\CSS\index.CSS。

```
/* CSS/index.CSS */
body{
    font-family:Arial,Helvetica,sans-serif;
    font-size:12px;
    margin:0px;
    padding:0px;
    text-align:center;
    background-color:#cccccc;
}
#container{
    position:relative;
    width:880px;
    text-align:left;
    margin:1px auto 0px auto;
    background-color:#ffffff;
    border-left:1px dashed #aaaaaa;
    border-right:1px dashed #aaaaaa;
    border-bottom:1px dashed #aaaaaa;
}

/*top 块样式*/
#top{
    width:880px;height:300px;          /*设置块的尺寸，高度大于 banner 图片*/
    background:#daeeff url(../images/bannar.jpg) no-repeat top;
    font-size:12px;
}
#top h1{
    color:#ffffff;
    text-align:center;
    margin:0;
    padding-top:25px;                  /*相对定位*/
}
#top ul{
    list-style-type:none;
    padding:0;
    margin:200px 0 0 300px;            /*相对定位*/
}
#top li{
    float:left;                        /*横向列表*/
    text-align:center;
```

```
	padding:0px 16px 0px 6px;		/*各个链接之间的距离*/
}
#top a:link,#top a:visited{
	color:#004a87;
	text-decoration:none;
}
#top a:hover{
	color:#ff00cc;
	text-decoration:underline;
}
/*content 块样式*/
#content{
	margin:5px 0 5px 0;
}
/*left 块样式*/
#left{
	float:left;
	width:240px;
	font-size:12px;
	padding:0 5px 0 5px;
	margin-bottom:5px;
	border:#999999 solid 1px;
}
#left a:link,#left a:visited{
	color:#234a87;
	text-decoration:none;
}
#left a:hover{
	color:#FF00CC;
	text-decoration:underline;
}
#left h5{
	border-bottom:#0099ff 2px dotted;
	background:url(../images/leftbg.jpg) no-repeat;
	padding-left:35px;
	font-size:12px;
}
#left .list{
	list-style-image:url(../images/4.gif);
	margin-left:5px;
	line-height:1.6em;
}

/*main 块样式*/
#main{
	padding-left:260px;
	width:615px;
	font-size:12px;
}
#main .article{
```

```
        border:solid 1px #999999;
        position:relative;
        padding:5px;
        margin:0px 0px 5px 0px;
    }
    #main .article h3{
        font-size:15px;
        margin:0px;
        padding:0px 0px 3px 0px;
        border-bottom:1px dotted #999999;
    }
    #main .article h3 a:link,#main div h3 a:visited{
        color:#662900;
        text-decoration:none;
    }
    #main .article h3 a:hover{
        color:#0072ff;
    }
    #main p.author{
        margin:0px;
        text-align:right;
        color:#888888;
        padding:2px 5px 2px 0px;
    }
    #main p{
        margin:0px;
        padding:10px 0px 0px 0px;
        text-indent:2em;
    }
    #main p.show{
        color:#FF6600;
        text-indent:2em;
    }

/*footer 块样式*/
#footer{
    clear:both;             /*消除 float 影响*/
    text-align:center;
    background-color:#daeeff;
    color:#004a87;
    font-size:12px;
}
#footer p{
    margin:0px;padding:4px;
}
```

实训十

综合案例——企业网站

一个公司的网站不仅可以用来发布公司的信息、展示产品或技术优势，更可以用来树立企业形象，展示或提高企业的竞争力，刺激需求，提高工作效率。制作企业网站重点在于整体风格的把握，选定一种颜色以后尽量围绕着一个色调进行设计。

10.1　分析结构

本例是一个网络科技公司的首页，页面整体以蓝色调为主，配合一些绿色，显得简洁大方。页面采用居中对齐的方式布局，效果如图 10-1 所示。

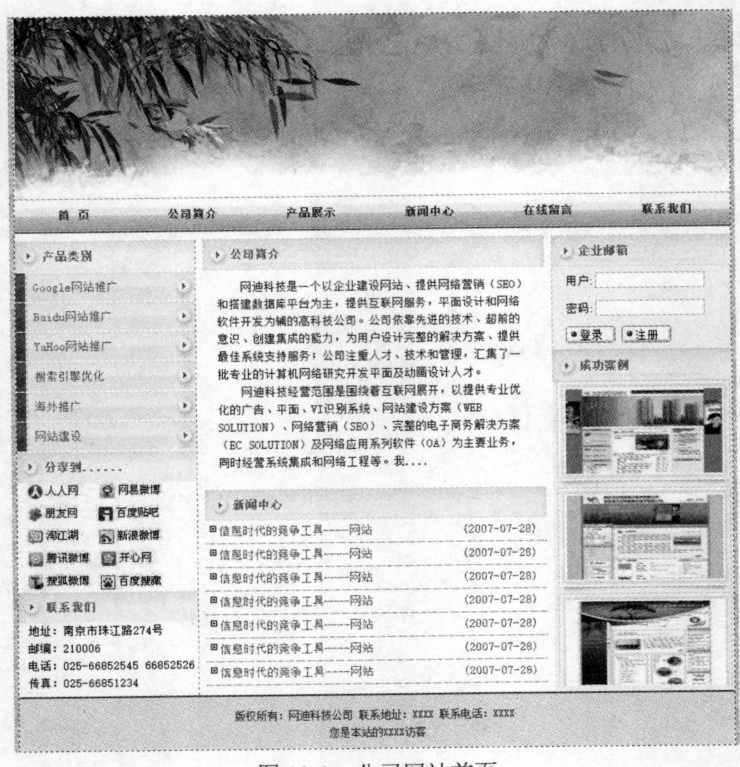

图 10-1　公司网站首页

10.1.1 设计分析

该网站的页眉是一幅 banner 和导航菜单，中间部分分为左中右三列，左侧主要是公司提供服务的类别和联系方式，中间是公司的简介和公司新闻，右侧是企业邮箱入口和成功案例。底部是网页的版权信息等。

页面整体采用蓝色调，左右对齐方式，每个模块的标题样式相同。整个页面简洁，主题突出。

10.1.2 排版架构

页面结构并不复杂，根据设计分析及图示效果，设计的页面布局如图 10-2 所示。

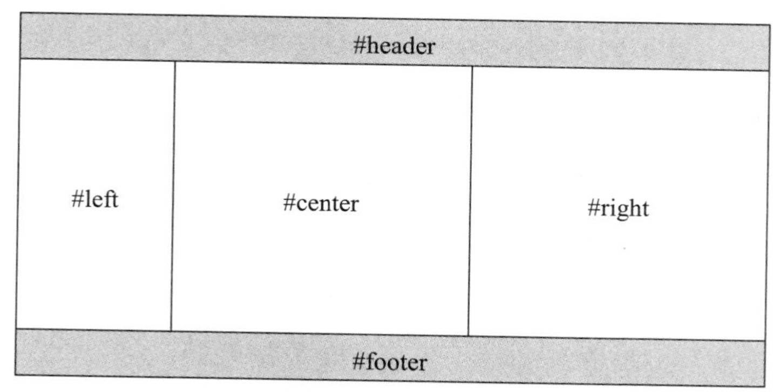

图 10-2　页面框架

布局代码如下：

```
<div id="container">
<div id="header">
      <div id="banner"></div>
      <div id="nav"></div>
</div>
<div id="content">
      <div id="left"></div>
      <div id="center "></div>
      <div id=" right"></div>
</div>
   <div id="footer"></div>
</div>
```

#container 用于整体布局控制，在#header 区域主要包含#banner 和#nav 导航，在#content 区域主要包含#left、#center、#right 三块，#left 中放置产品类别、“分享到……”和“联系我们”等，#center 块中放置“公司简介”和“新闻中心”，#right 块中放置“企业邮箱”和“成功案例”，在#footer 区域放置一些基本信息。

相应的 CSS 样式布局代码如下：

```
#container{
      width:797px;
      margin:auto;
}
#content{
```

```
        margin:5px 0 5px 0;
    }
    #left{
        width:200px;
        float:left;
    }
    #center{
        width:380px;
        float:left;
        margin-left:5px;
    }
    #right{
        width:200px;
        float:left;
        margin-left:5px;
    }

    #footer{
        clear:both;
    }
```

#left、#center 和#right 三块占据了页面的主体位置，在设计的细节处理上要十分注意。相应的代码如下：

```
<div id="left">
    <div class="title">产品类别</div>
    <div id="lei"> </div>
    <div class="title">分享到......</div>
    <div id="share"> </div>
    <div class="title">联系我们</div>
    <div id="contact"> </div>
</div>
<div id="center">
    <div class="title">公司简介</div>
    <div id="about"> </div>
    <div class="title">新闻中心</div>
    <div id="news"> </div>
</div>
<div id="right">
    <div class="title">企业邮箱</div>
    <div id="login"> </div>
    <div class="title">成功案例</div>
    <div id="case"> </div>
</div>
```

10.2 模块设计

页面的整体布局有了大体的设计之后，对各个模块分别进行处理，最后统一整合。采用自顶向下、从左向右的制作顺序。

10.2.1 导航与 banner

在#header 块中主要放置 banner 图片和导航菜单。设置#banner 和#nav 区块分别放置 banner 图片和导航菜单，效果如图 10-3 所示。

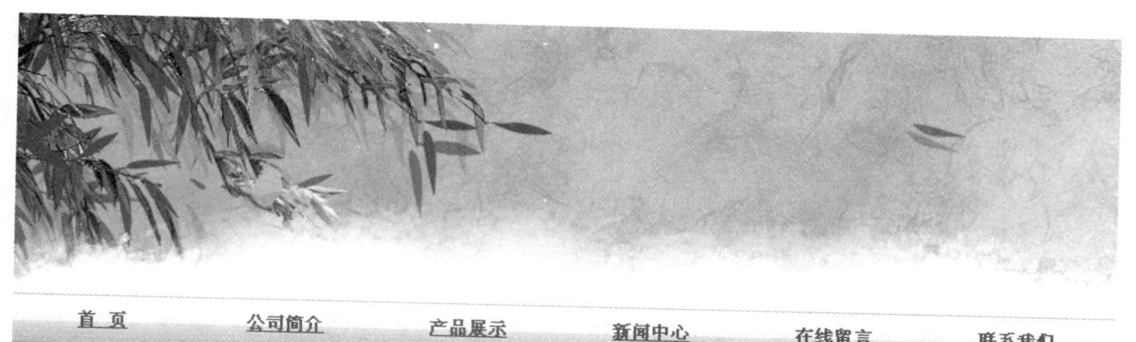

图 10-3 banner 与导航条

#banner 区块放置一个图片就可以了，导航菜单采用<ul>无序列表，方法比较简单，代码如下：

```
<div id="header">
    <div id="banner"><img src="images/banner.jpg" /></div>
    <div id="nav">
      <ul>
        <li><a href="#">首　页</a></li>
        <li><a href="#">公司简介</a></li>
        <li><a href="#">产品展示</a></li>
        <li><a href="#">新闻中心</a></li>
        <li><a href="#">在线留言</a></li>
        <li><a href="#">联系我们</a></li>
      </ul>
    </div>
</div>
```

#header 部分的#banner 区块和导航菜单处理的 CSS 样式代码如下：

```
/*header*/
#header{
    width:797px;
    height:253px;
}
#banner{
    width:797px;
    height:209px;
}
#nav{
    width:797px;
    height:40px;
    line-height:40px;
    background:url(../images/nav.jpg);
}
#nav ul{
```

```
        margin:0;padding:0;
        list-style:none;
    }
    #nav li{
        width:132px;
        float:left;
        background:url(images/navbg.jpg);
        text-align:center;
    }
    #nav a:link,#nav a:visited,#nav a:active{
        font-size:13px;
        font-weight:bold;
        color:#0e6b8a;
    }
    #nav a:hover{
        color:#ff9900;
    }
```

10.2.2 左侧部分

网站的左侧部分放置“产品类别”“分享到……”和“联系我们”，设置为固定宽度和左浮动的版式。

我们将左侧栏设置宽度为 200px，并且向左浮动，代码如下：

```
#left{
    width:200px;
    float:left;
    height:520px;
    font-size:13px;
    border-right:#999999 dashed 1px;
}
```

左侧块设置好后，可以在左侧块放置相应的页面元素，代码如下：

```
<div id="left">
    <div class="title">产品类别</div>
    <div id="lei">
        <ul>
            <li><a href="#"> Google 网站推广</a></li>
            <li><a href="#"> Baidu 网站推广</a></li>
            <li><a href="#"> YaHoo 网站推广</a></li>
            <li><a href="#"> 搜索引擎优化</a></li>
            <li><a href="#"> 海外推广</a></li>
            <li><a href="#"> 网站建设</a></li>
        </ul>
    </div>
    <div class="title">分享到......</div>
    <div id="share">
        <a href="#"><img src="images/1.jpg" name="1" border="0"/></a>
        <a href="#"><img src="images/2.jpg" name="2" border="0"/></a>
        <a href="#"><img src="images/3.jpg" name="3" border="0"/></a>
        <a href="#"><img src="images/4.jpg" name="4" border="0"/></a>
```

```
            <a href="#"><img src="images/5.jpg" name="5" border="0"/></a>
            <a href="#"><img src="images/6.jpg" name="6" border="0"/></a>
            <a href="#"><img src="images/7.jpg" name="7" border="0"/></a>
            <a href="#"><img src="images/8.jpg" name="8" border="0"/></a>
            <a href="#"><img src="images/9.jpg" name="9" border="0"/></a>
            <a href="#"><img src="images/10.jpg" name="10" border="0"/></a>
        </div>
        <div class="title">联系我们</div>
        <div id="contact">
            <p>地址：南京市珠江路 274 号</p>
            <p>邮编：210006</p>
            <p>电话：025-66852545 66852526</p>
            <p>传真：025-66851234</p>
        </div>
    </div>
```

对左侧页面元素的样式加以设置，CSS 代码如下：

```
#left .title{
    height:35px;
    line-height:35px;
    font-weight:bold;
    color:#78777c;
    padding-left:30px;
    background:url(../images/ltitle.jpg);
}
#left #lei{
    width:200px;
    height:204px;
}
#left #lei ul{
    margin:0;
    padding:0;
}
#left #lei li{
    list-style:none;
    float:none;
    display:block;
    height:33px;
    line-height:33px;
    margin-top:1px;
    padding-left:20px;
    background:url(../images/leibg.jpg);
}
#left #share{
    width:190px;
    height:125px;
    padding-left:10px;
}
#left #contact{
    width:190px;
    height:120px;
```

```
        padding-left:10px;
        font-size:13px;
    }
    #left #contact p{
        margin:0px 0px;
        padding:0px;
    }
```

10.2.3 中间部分

中间部分位于页面的主体位置，分为上下两个子块，分别为“公司简介”和“新闻中心”，我们将中间部分宽度设定为 380px，设置成左浮动，并且适当调整 margin 的值。CSS 代码如下：

```
    #center{
        width:380px;
        float:left;
        margin-left:8px;
        height:520px;
        font-size:12px;
    }
```

对于#center 块进行整体设置后便可以制作每个子块，#center 块包含“公司简介”和“公司新闻”两个子块，“公司简介”子块放置一个标题和简介文字，“公司新闻”子块放置一个标题和新闻列表，在新闻列表中，让日期右对齐。代码如下：

```
    <div id="center">
        <div class="title">公司简介</div>
        <div id="about">
            <p>网迪科技是......</p>
            <p>网迪科技经营范围是......</p>
        </div>
        <div class="title">新闻中心</div>
        <div id="news">
            <ul>
                <li><a href="#">信息时代的竞争工具----网站</a>
                    <span>(2007-07-28)</span></li>
                <li><a href="#">信息时代的竞争工具----网站</a>
                    <span>(2007-07-28)</span></li>
            </ul>
        </div>
    </div>
```

从代码中可以看出，每个子块的标题应用了相同的样式，新闻列表日期通过<span>标记来实现。CSS 代码如下：

```
    #center .title{
        height:35px;
        line-height:35px;
        font-weight:bold;
        color:#78777c;
        padding-left:30px;
        background:url(../images/title.jpg);
    }
    #center #about{
```

```
        height:230px;
        padding:10px 15px;
}
#center #about p{
        margin:0px 0px;
        line-height:20px;
        color:#003399;
        text-indent:2em;
}
#center #news{
        width:380px;
        height:170px;
}
#center #news ul{
        margin:0px;
        padding:0px;
}
#center #news li{
        list-style:none;
        height:26px;
        line-height:26px;
        background:url(../images/dian.jpg) no-repeat 5px 6px;
        border-bottom:1px dotted #4183B3;
        padding-left:15px;
}
#center #news li a{
        float:left;
}
#center #news li span{
        float:right;
        margin:0 10px;
        color:#5d5d5d;
}
```

上述代码的细节本书前面的章节中已经详细介绍，这里不再重复。

10.2.4 右侧部分

右侧部分位于页面右侧，主要放置企业邮箱入口和成功案例，制作方法与左侧和中间的设置类似，此处不再赘述。需要注意的是表单 CSS 样式的使用。

右侧区块的 CSS 代码如下：

```
#right{
        width:200px;
        height:520px;
        float:right;
        background:#f9f9f9;
}
```

右侧部分内容的 HTML 代码如下：

```
<div id="right">
        <div class="title">企业邮箱</div>
```

```
        <div id="login">
            <form>
                <p>用户：<input type="text" class="text"></p>
                <p>密码：<input type="password" class="text"></p>
                <p align="center">
                    <input type="button" class="btn" value="登录">
                    <input type="button" class="btn" value="注册">
                </p>
            </form>
        </div>
        <div class="title">成功案例</div>
        <div id="case">
            <a href="#"><img src="images/img.jpg" border="0"/></a>
        </div>
</div>
```

右侧区块内各子块的 CSS 代码如下：

```
#right .title{
    height:35px;
    line-height:35px;
    font-weight:bold;
    color:#78777c;
    padding-left:30px;
    background:url(../images/title.jpg);
}
#right #login{
    height:95px;
    border:1px solid #dfdfdf;
    border-top:0px;
}

#right #login form{
    padding:0px;
    margin:0px;
}
#right #login p{
    margin:0px;
    text-align:left;
    padding:5px 15px;
}
#right #login form input.text{
    border:1px solid #cccccc;
    background:#ffffff;
    padding:0px;
    width:120px;
}
#right #login form input.btn{
    border:0px;
    background:url(../images/but.jpg);
    height:19px;
    padding:0px;
```

```
        width:55px;
        text-align:center;
    }
    #right #case{
        width:200px;
        height:240px;
        text-align:center;
    }
```

页面主体部分的效果如图 10-4 所示。

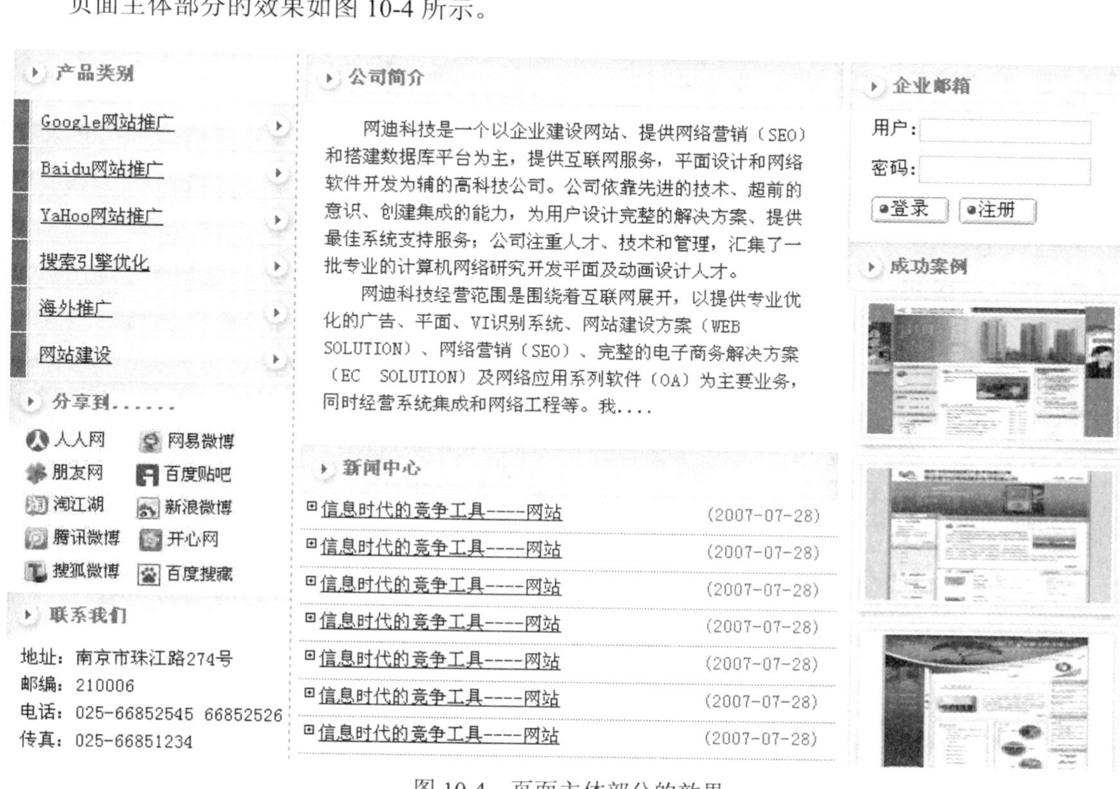

图 10-4　页面主体部分的效果

10.2.5　footer 脚注

footer 脚注主要用来存放一些版权信息和联系方式，设计比较简单，其 HTML 布局仅一个<div>块中包含一个<p>标记。代码如下：

```
<div id="footer">
    <p>版权所有：网迪科技公司 联系地址：XXXX 联系电话：XXXX<br />您是本站的 XXXX 访客</p>
</div>
```

对于#footer 块的设计，主要是符合页面整体风格即可，这里采用浅灰色背景图片并设置上边框线，使得页脚与页面主体隔开，但又不失整体协调，CSS 代码如下：

```
#footer{
    clear:both;
    height:50px;
    font-size:12px;
    background:url(../images/footer.jpg);
```

```
        border-top:2px solid #0D6A89;
        padding-top:10px;
        text-align:center;
    }
    #footer p{
        margin:0px;padding:2px;
        color:#333333;
    }
```

页脚部分的效果如图 10-5 所示。

版权所有：网迪科技公司 联系地址：XXXX 联系电话：XXXX
您是本站的XXXX访客

图 10-5　页脚部分的效果

10.3　整体调整

通过前面的分析与设计制作，整个页面基本形成。最后对页面效果做一些细节的处理，比如，整个页面默认字体、字号、颜色、超链接的样式、margin 和 padding 的值是否与整个页面协调，各子块之间是否统一等。

本例采用固定宽度且居中的布局方式，背景设置为浅灰色图片，整个页面加虚线框，这样看起来比较柔和协调，也适合在大显示器上浏览。CSS 代码如下：

```
body{
    margin:0 auto;
    font-family:"宋体";
    font-size:12px;
    line-height:20px;
    color:#000000;
    background:url(../images/bg.jpg);
}
#container{
    width:797px;
    margin:auto;
    background-color:#ffffff;
    border:#0066cc dashed 1px;
}
a:link,a:visited,a:active{
    color:#4183b3;
    text-decoration:none;
}
a:hover{
    color:#333333;
    text-decoration:none;
}
```

另外，我们在制作过程中会发现有些 HTML 元素，如 body、ul、p、h1、h2 等，是有默认的 margin 和 padding 值，而在不同的浏览器中这些默认值又有所不同，所以通常在初期将这些元素的 margin 和 padding 值均设置为 0，应用中根据实际需要再去单独设置。另外，当图片被设置为超链接时，会出现边框，也可以通过 CSS 样式，将所有图像的外边框去掉。

```
body,ul,h1,h2{
    margin:0;
    padding:0;
}
img{
    border:none;
}
```

至此，企业网站的首页制作完成，页面在 IE 浏览器中的显示效果如图 10-6 所示。

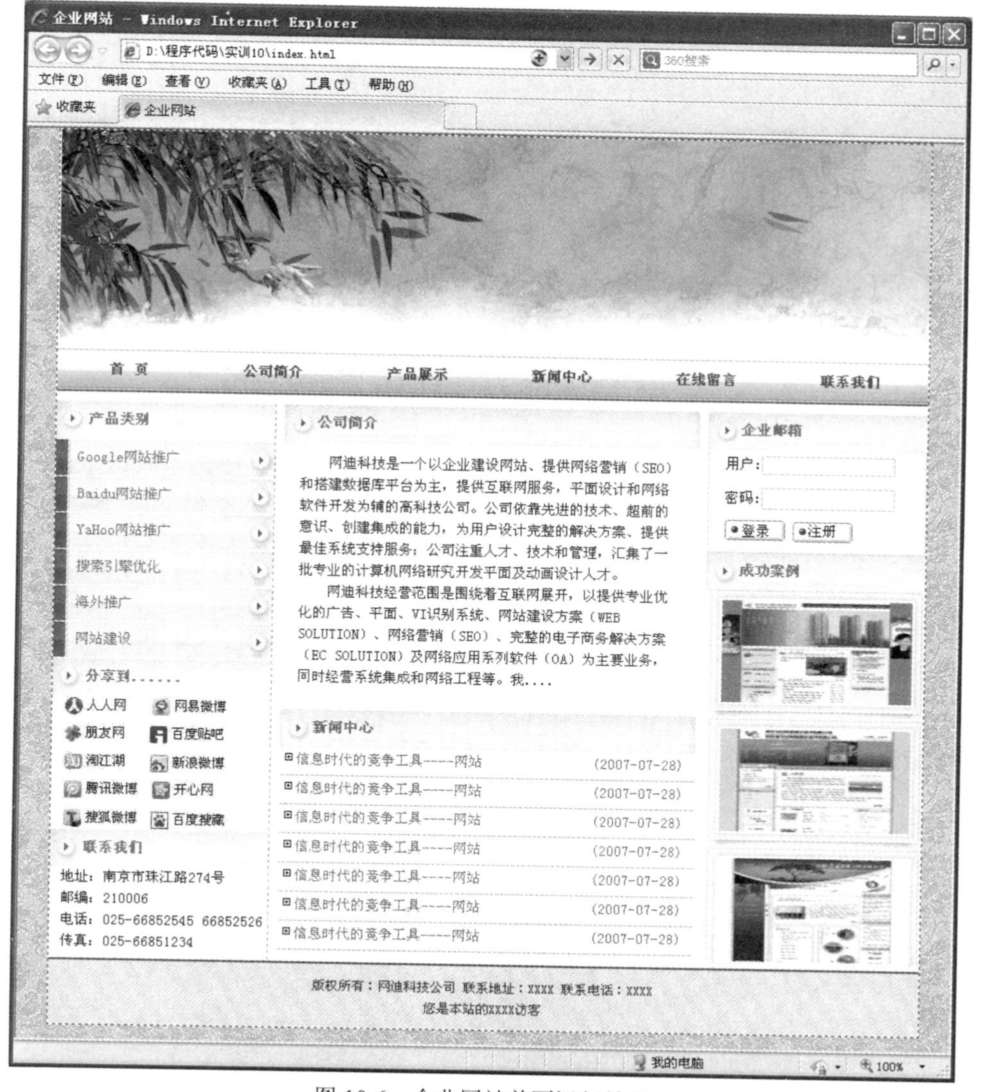

图 10-6 企业网站首页运行效果

10.4 网页源码

页面完整的 HTML 代码如下。源文件：程序代码\实训 10\index.html。

```
<!DOCTYPE HTML PUBLIC "-//W3C//DTD HTML 4.01 Transitional//EN" "http://www.w3.org/TR/html4/loose.dtd">
<html>
 <head>
  <title> 企业网站 </title>
  <link href="CSS/index.CSS"  rel="stylesheet" type="text/CSS" >
 </head>

 <body>
  <div id="container">
    <div id="header">
        <div id="banner"><img src="images/banner.jpg" /></div>
        <div id="nav">
           <ul>
              <li><a href="#">首  页</a></li>
              <li><a href="#">公司简介</a></li>
              <li><a href="#">产品展示</a></li>
              <li><a href="#">新闻中心</a></li>
              <li><a href="#">在线留言</a></li>
              <li><a href="#">联系我们</a></li>
           </ul>
        </div>
    </div>

    <div id="content">
        <div id="left">
              <div class="title">产品类别</div>
              <div id="lei">
                   <ul>
                        <li><a href="#"> Google 网站推广</a></li>
                        <li><a href="#"> Baidu 网站推广</a></li>
                        <li><a href="#"> YaHoo 网站推广</a></li>
                        <li><a href="#"> 搜索引擎优化</a></li>
                        <li><a href="#"> 海外推广</a></li>
                        <li><a href="#"> 网站建设</a></li>
                   </ul>
              </div>
              <div class="title">分享到......</div>
              <div id="share">
                   <a href="#"><img src="images/1.jpg" name="1" border="0" /></a>
                   <a href="#"><img src="images/2.jpg" name="2"  border="0" /></a>
                   <a href="#"><img src="images/3.jpg" name="3"  border="0" /></a>
                   <a href="#"><img src="images/4.jpg" name="4"  border="0" /></a>
                   <a href="#"><img src="images/5.jpg" name="5"  border="0" /></a>
                   <a href="#"><img src="images/6.jpg" name="6"  border="0" /></a>
                   <a href="#"><img src="images/7.jpg" name="7"  border="0" /></a>
```

```
            <a href="#"><img src="images/8.jpg" name="8"   border="0" /></a>
            <a href="#"><img src="images/9.jpg" name="9"   border="0" /></a>
            <a href="#"><img src="images/10.jpg" name="10"   border="0" /></a>
        </div>
        <div class="title">联系我们</div>
        <div id="contact">
            <p>地址：南京市珠江路 274 号</p>
            <p>邮编：210006</p>
            <p>电话：025-66852545 66852526</p>
            <p>传真：025-66851234</p>
        </div>
    </div>

    <div id="center">
        <div class="title">公司简介</div>
        <div id="about">
            <p>网迪科技是一个以企业建设网站、提供网络营销（SEO）和搭建数据库平台为主，提供互联网服务，平面设计和网络软件开发为辅的高科技公司。公司依靠先进的技术、超前的意识、创建集成的能力，为用户设计完整的解决方案、提供最佳系统支持服务；公司注重人才、技术和管理，汇集了一批专业的计算机网络研究开发平面及动画设计人才。</p>
            <p>网迪科技经营范围是围绕着互联网展开，以提供专业优化的广告、平面、VI 识别系统、网站建设方案（WEB SOLUTION）、网络营销（SEO）、完整的电子商务解决方案（EC SOLUTION）及网络应用系列软件（OA）为主要业务，同时经营系统集成和网络工程等。我....</p>
        </div>
        <div class="title">新闻中心</div>
        <div id="news">
            <ul>
                <li><a href="#">信息时代的竞争工具----网站</a>
                <span>(2007-07-28)</span></li>
                <li><a href="#">信息时代的竞争工具----网站</a>
                <span>(2007-07-28)</span></li>
                <li><a href="#">信息时代的竞争工具----网站</a>
                <span>(2007-07-28)</span></li>
                <li><a href="#">信息时代的竞争工具----网站</a>
                <span>(2007-07-28)</span></li>
                <li><a href="#">信息时代的竞争工具----网站</a>
                <span>(2007-07-28)</span></li>
                <li><a href="#">信息时代的竞争工具----网站</a>
                <span>(2007-07-28)</span></li>
                <li><a href="#">信息时代的竞争工具----网站</a>
                <span>(2007-07-28)</span></li>
            </ul>
        </div>
    </div>

    <div id="right">
        <div class="title">企业邮箱</div>
        <div id="login">
            <form>
                <p>用户：<input type="text" class="text"></p>
```

```
                        <p>密码：<input type="password" class="text"></p>
                        <p align="center">
                            <input type="button" class="btn" value="登录">
                            <input type="button" class="btn" value="注册">
                        </p>
                    </form>
                </div>
                <div class="title">成功案例</div>
                <div id="case">
                    <a href="#"><img src="images/img.jpg" border="0"/></a>
                </div>
            </div>

        </div>
          <div id="footer">
            <p>版权所有：网迪科技公司 联系地址：XXXX 联系电话：XXXX
                <br />您是本站的 XXXX 访客</p>
          </div>
    </div>
  </body>
</html>
```

页面所需的 CSS 文件代码如下。源文件：程序代码\实训 10\CSS\index.CSS。

```
/*index.CSS*/
body,ul,h1,h2{
    margin:0;
    padding:0;
}
img{
    border:none;
}
body{
    margin:0 auto;
    font-family:"宋体";
    font-size:12px;
    line-height:20px;
    color:#000000;
    background:url(../images/bg.jpg);
}
#container{
    width:797px;
    margin:auto;
    background-color:#ffffff;
    border:#0066cc dashed 1px;
}
a:link,a:visited,a:active{
    color:#4183b3;
    text-decoration:none;
}
a:hover{
```

```
        color:#333333;
        text-decoration:none;
    }

    /*header*/
    #header{
        width:797px;
        height:253px;
    }
    #banner{
        width:797px;
        height:209px;
    }
    #nav{
        width:797px;
        height:40px;
        line-height:40px;
        background:url(../images/nav.jpg);
    }
    #nav ul{
        margin:0;padding:0;
        list-style:none;
    }
    #nav li{
        width:132px;
        float:left;
        background:url(images/navbg.jpg);
        text-align:center;
    }
    #nav a:link,#nav a:visited,#nav a:active{
        font-size:13px;
        font-weight:bold;
        color:#0e6b8a;
    }
    #nav a:hover{
        color:#ff9900;
    }

    /* content */
    #content{
        margin:5px 0 5px 0;
    }
    /* left */
    #left{
        width:200px;
        float:left;
        height:520px;
        font-size:13px;
        border-right:#999999 dashed 1px;
```

```
}
#left .title{
    height:35px;
    line-height:35px;
    font-weight:bold;
    color:#78777c;
    padding-left:30px;
    background:url(../images/ltitle.jpg);
}
#left #lei{
    width:200px;
    height:204px;
}
#left #lei ul{
    margin:0;
    padding:0;
}
#left #lei li{
    list-style:none;
    float:none;
    display:block;
    height:33px;
    line-height:33px;
    margin-top:1px;
    padding-left:20px;
    background:url(../images/leibg.jpg);
}
#left #share{
    width:190px;
    height:125px;
    padding-left:10px;
}
#left #contact{
    width:190px;
    height:120px;
    padding-left:10px;
    font-size:13px;
}
#left #contact p{
    margin:0px;
    padding:0px;
}
/* center */
#center{
    width:380px;
    float:left;
    margin-left:8px;
    height:520px;
    font-size:13px;
```

```
}
#center .title{
    height:35px;
    line-height:35px;
    font-weight:bold;
    color:#78777c;
    padding-left:30px;
    background:url(../images/title.jpg);
}
#center #about{
    height:230px;
    padding:10px 15px;
}
#center #about p{
    margin:0px 0px;
    line-height:20px;
    color:#003399;
    text-indent:2em;
}
#center #news{
    width:380px;
    height:170px;
}
#center #news ul{
    margin:0px;
    padding:0px;
}
#center #news li{
    list-style:none;
    height:26px;
    line-height:26px;
    background:url(../images/dian.jpg) no-repeat 5px 6px;
    border-bottom:1px dotted #4183B3;
    padding-left:15px;
}
#center #news li a{
    float:left;
}
#center #news li span{
    float:right;
    margin:0 10px;
    color:#5d5d5d;
}

/* right */
#right{
    width:200px;
    height:520px;
    float:right;
```

```
        font-size:13px;
        background:#f9f9f9;
}
#right .title{
        height:35px;
        line-height:35px;
        font-weight:bold;
        color:#78777c;
        padding-left:30px;
        background:url(../images/title.jpg);
}
#right #login{
        height:95px;
        border:1px solid #dfdfdf;
        border-top:0px;
}

#right #login form{
        padding:0px;
        margin:0px;
}
#right #login p{
        margin:0px;
        text-align:left;
        padding:5px 15px;
}
#right #login form input.text{
        border:1px solid #cccccc;
        background:#ffffff;
        padding:0px;
        width:120px;
}
#right #login form input.btn{
        border:0px;
        background:url(../images/but.jpg);
        height:19px;
        padding:0px;
        width:55px;
        text-align:center;
}
#right #case{
        width:200px;
        height:240px;
        text-align:center;
}
/* footer */
#footer{
        clear:both;
        height:50px;
```

```
        font-size:12px;
        background:url(../images/footer.jpg);
        border-top:2px solid #0D6A89;
        padding-top:10px;
        text-align:center;
}
#footer p{
        margin:0px;padding:2px;
        color:#333333;
}
```

实训十一

综合案例——班级网站

11.1 班级网站的规划与设计

11.1.1 网站定位

网站定位就是网站在 Internet 上扮演什么角色，要向目标访问者传达什么样的核心概念，透过网站发挥什么样的作用等。

一个班级的组成首先是构成它的学生；其次是他们的老师、家长，这是和他们密切相关的群体。一个班级网站提供了学生、老师和家长可能共同聚集、相互沟通的平台。

明确了网站的客户群体，接着要分析网站建设的目的，这可以从分析客户对于网站的需要开始。网站建设的目的就是为了满足访问者的使用。

11.1.2 需求分析

不同的客户群体对于一个网站可能有不同的需求，这种需求是网站建设的基础。

1. 学生需求

对于一个班级的学生而言，创建班级网站可能存在共同管理班级事物的要求，展现集体或者个人学习、生活的风采的需要。具体内容如下：

- 发布班级公告，并对公告进行管理的功能。
- 建立留言板，对留言能够进行回复、修改和删除等管理功能。
- 班级相册，能够建立不同主题的图片集、实现对于每个主题的说明、每张图片的介绍，并提供留言的功能。
- 建立基于课程的讨论，能够针对某个主题进行讨论或完成老师布置的作业等。

2. 教师需求

对于老师而言，通过网站，可以更直观地了解学生的学习和生活状态，具体包括：

- 对学生的管理功能。
- 能够发布通知。
- 能够发布课程的作业，并参与到学生的讨论，引导学生。

3. 家长需求

对于家长而言，他们可能更多地希望通过网站了解孩子在集体中的信息，具体包括：

- 能够提供指定学生的所有信息的汇聚功能。
- 参与学生讨论的功能。
- 留言的功能。

11.1.3 栏目设计

班级网站具有自身的特殊性，主要面向的是在校的学生，反映的内容主要包括学生的学习安排、日常活动、留言和讨论等信息，具体栏目的设计可以根据自己的需要，通过分析同类网站的栏目设计确定。图 11-1 所示是本书配套的一个班级网站的栏目设置。

- 首页：进入网站的第一个页面，主要向浏览者传递日常访问和使用较多的信息。因此内容包含注册与登录区、班级日历、班级公告、班级新闻、课程表、个人展示区。
- 留言本：供班级成员或其他浏览者进行交流、发表评论的地方，也包含对以往评论的显示。
- 班级日志：记录班级重要活动的版块。
- 班级相册：用图片展示班级风采的版块。可浏览查看不同类别的照片。
- 课程讨论：关于网页设计课程的相关问题进行讨论。
- 个人主页：指向一个班级内每个学生制作的关于自己个人主页的列表。
- 关于我们：班级描述和班级宣言的版块。

图 11-1　班级网站栏目结构图

11.1.4 站点定义与目录管理

站点是一个管理网页文档的场所。简单地讲，一个个网页文档连接起来就构成了站点。站点可以小到一个网页，也可大到一个网站。制作网站，第一步就是创建站点，为网站指定本地的文件夹和服务器，使之建立联系。首先应建立公共目录，存放各网页需要访问和使用的公共信息，如 images 文件夹存放图片信息，js 文件夹存放 JavaScript 程序，css 文件夹存放对全局的一些页面定义的样式。然后各栏目建立各自的文件夹。一般来说，如果网站信息较大，栏目较复杂，除公共 css 文件夹外，每个栏目目录下还可以存放各个栏目的图片文件夹和 css 文件夹，方便管理班级网站的目录结构如图 11-2 所示。

11.1.5 网站的风格设计

网站的风格设计是一个网站区别于其他网站的重点，包含了品牌传达、氛围渲染、信息排版等纯粹的视觉表现技术。对于班级网站，如果属于一个相关设计专业的班级，则应当考虑进行更专业的网站设计，以体现专业特色；否则，应尽可能地基于简洁的原则进行风格设计。

简洁、明快和充满活力应是班级网站传递给访问者的第一感觉。在配色设计上，因为客户群体主要为年轻群体，因此色彩以明快为主要基调。页面的整体使用橙色偏绿的色调，凸显一种朝气蓬勃的氛围，再配合白色形成大气的感觉。

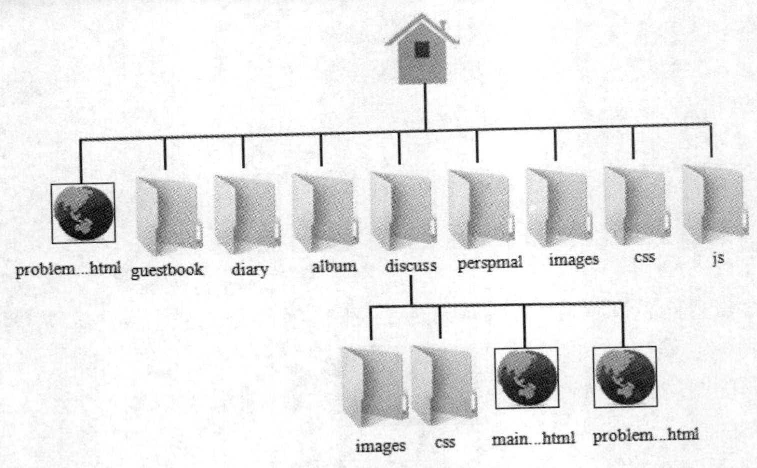

图 11-2　网站站点结构

在布局上，考虑大多数人的浏览习惯，采用横向版式，上中下的格局。并且将网站名称放入最佳视觉区域，通常为左上角。版面设计可运用多种元素的组合，版式设计简洁明快，并配合色彩风格形成独特的视觉效果。

首页采用了简单的布局，将网站的名称和内容直观地展示给浏览者。顶部的 banner 使用艺术铅笔图片给页面增添不少活力。通过经常更新的班级公告、班级日历、班级新闻、班级相册等突出班级主题，其效果如图 11-3 所示。

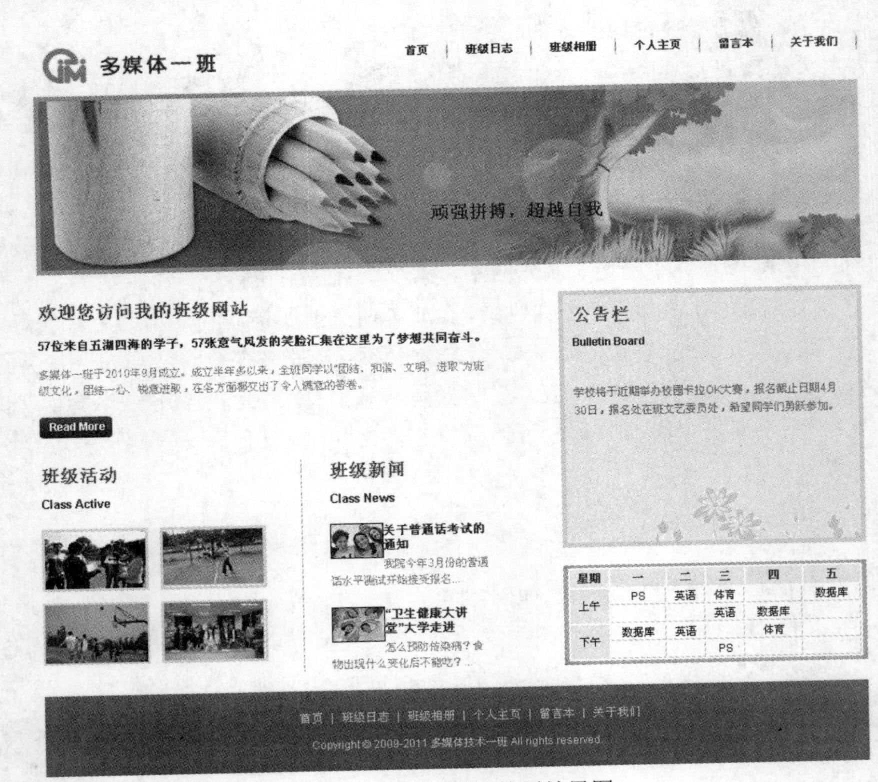

图 11-3　班级网站首页效果图

11.2 网页设计与制作

11.2.1 页面布局

在拿到设计图时，首先分析网页的布局结构，了解各组成部分的尺寸大小。效果图中网页的布局采用的是常见分栏式结构。整体划分为上、中、下三部分，其中上部分区域主要为 Logo、导航和 banner 三块内容。下部区域主要包含底部导航和版权栏两部分内容。中部区域面积最大，为重要的信息栏区。在不同的页面中，该区域可根据需要再进行布局划分，其整体布局图如图 11-4 所示。

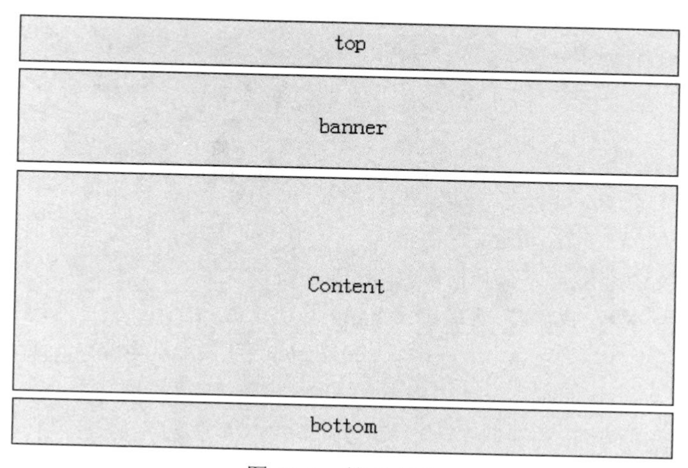

图 11-4 首页布局

在布局网页时，遵循自顶向下、从左到右的原则。图 11-4 所示的布局图排版的顺序应该是头部、导航、内容区域、滚动信息栏。对于这种结构的布局，可以使用 div 层搭建主结构，主体代码如下：

```
<div id="container">
        <div id="header">头部区域</div>
        <div id="bannerr">banner 区域</div>
        <div id="mainContent">中间区域</div>
        <div id="footer">底部区域</div>
</div>
```

11.2.2 全局 CSS 定义

在对页面的布局进行分割之后，整个页面被分成了头部、导航、内容、底部 4 个区域。除了内容之外，其他 4 个部分都属于相对固定的区域，将会出现在网站的每个页面上，在进行网站设计时，为保持站点的一致性，应当将用于它们的样式独立出来，定义为全局的 CSS，保证风格的统一。

下面的代码对班级网站全局的页面元素进行统一的定义，一般可以将此文件命名 default.css、main.css 或 global.css 等，以便在每个页面加以引用。

```
img{border:0px;}
.clear{clear:both;}
h1,h2,h3,h4{line-height:normal;}
```

```
h2{color:#0a356d;font-weight:bold;display:block;padding-bottom:20px;font-size:13px;}
a{color:#0a356d;text-decoration:none;}
a:hover   a:active{text-decoration:none;}
```

上述代码是对全局共用的一些元素进行定义，这些元素在整个页面中任何地方出现都将保持风格的一致。例如，对所有图片定义无边框、对各级标题风格的定义、对超链接格式的定义、使用.clear定义的清除浮动效果。接下来是对全局 div 层的格式定义：

```
*{margin:0px;padding:0px;}
body{font-family:Verdana;font-size:14px;margin:0;}
#container{margin:0 auto;width:900px;}
#header{height:70px;background:#ffcc99;margin-bottom:5px;}
#banner{height:214px;background:#ffcc99;margin-bottom:5px;}
#mainContent{height:470px;margin-bottom:5px;background:#9ff;}
#footer{height:60px;background:#ccff00;}
```

在这个 CSS 文件中，主要是对各部分 div 层的高度、宽度、上下边距等进行控制。从代码中可以看出首先定义了：

```
*{margin:0px;padding:0px;}
```

这个定义被称为 CSS Reset 技术，即重设浏览器的样式。在各种浏览器中，都会对 CSS 的选择器默认一些数值，譬如当 h1 没有被设置数值时，显示一定大小。但并不是所有的浏览器都使用相同的数值。所以，使用 CSS Reset 可以让网页的样式在各浏览器中表现一致。这一代码的含义让容器不会有对外的空隙以及对内的空隙。然后定义 body 的默认显示字体、字号等基本属性。从上面的代码中还可以看到在 header 层和 mainContent 层之间都留出了用 margin-bottom 控制的 5px 的间隔。

为能清楚地体会布局的效果，给每部分 div 层设定了不同的背景色和具体的高度值，保存后的浏览效果如图 11-5 所示。可以清楚地看到，班级网站的主结构已经搭建起来。

图 11-5　首页布局

11.2.3 首页制作

制作首页各部分的细节内容。首先要清除掉上面测试用的背景。

1．头部的制作

该主页的头部从效果图中可以看出分为两部分内容，左边为班级网站的 Logo 和名称，右边为网站的主导航条。可以使用嵌套在 header 层中的两个 div 层分别控制 Logo 和导航区域。其 HTML 文件中的 div 结构如下：

```
<div id="header">
<div id="logo">Logo 位置</div>
<div id="menu">导航位置</div>
</div>
```

对这两个 div 层进行 CSS 的控制，代码如下：

```
#logo{height:70px;width:300px;background:#ccffee;float:left;}
#menu{height:70px;width:700px;background:#d3f8bc;float:right;}
```

可以看出，CSS 样式中定义了左右两部分的宽度、高度。并使这两部分分别向左右浮动以便两部分能分别位居头部区域的左部和右部。为使读者能清晰地看到布局的效果，仍然为区域加入背景颜色。读者在后续的制作过程中可以删除该颜色，效果如图 11-6 所示。

Logo位置　　导航位置

图 11-6　首页头部布局

继续细化头部的制作。首先将 Logo 图片加入到 Logo 层中，代码如下：

```
<div id="logo"><img src="images/logo.gif"/></div>
```

设定 Logo 层的 CSS 控制信息。默认图片位置居于层的左上边侧。因此使用 padding 属性调整其内边距，并使其向左浮动，代码如下：

```
#logo{padding-top:20px;padding-left:10px;float:left;}
```

接下来制作导航部分。导航区域使用了标准的横向导航栏。采用通用的列表方式实现。在 HTML 导航的 div 中利用列表标记加入栏目名称作为导航内容，代码如下：

```
<!--导航开始-->
<div id="menu">
    <ul>
        <li><a href="index.html">首页</a></li>
        <li><a href="classblog.html">班级日志</a></li>
        <li><a href="classphoto.html">班级相册</a></li>
        <li><a href="personage.html">个人主页</a></li>
        <li><a href="message.html">留言本</a></li>
        <li><a href="about.html">关于我们</a></li>
    </ul>
</div><!--导航结束-->
```

此时，列表项目竖向排列，看不到横向效果。在 CSS 文件中对列表进行控制。首先在 CSS 中加入如下代码：

```
#menu ul {list-style:none;margin:0px;}
#menu ul li{float:left;}
```

这两句分别是取消列表前的项目符号，删除 ul 的缩进，“float:left”语句的意思是使用浮动属性让内容都在同一行显示，预览效果如图 11-7 所示。

首页班级日志班级相册个人主页留言本关于我们

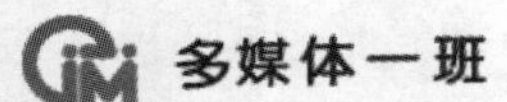

图 11-7　导航中间制作过程预览效果

目前，看到整个列表内容密集排列在一行并紧贴窗口上边界。在“#menu ul li{}”语句中再加入代码“padding:0 20px;”，其作用就是让列表内容之间产生一个 20 像素的距离，这样列表内容就有间距了，这个间距的像素值可以根据实际需要调整。同时在“#menu ul{}”语句中中加入“padding-top:22px;”使其距上边距 22 个像素。

```
#menu ul{list-style:none;margin:0px;padding-top:22px;}
#menu ul li{float:left;padding:0 20px;}
```

预览效果如图 11-8 所示，从图中可看出，与最终效果图还有一些差异。主要是还有导航间无间隔线、链接颜色、导航字体效果、文字垂直居中显示等问题。

多媒体一班　　首页　班级日志　班级相册　个人主页　留言本　关于我们

图 11-8　导航中间制作过程预览效果

在 CSS 文件中写入如下代码，对导航栏目元素使用分割线图片“menu-bg.gif”，并不允许作平铺的效果。“line-height:20px;”使得文字垂直居中显示。

```
#menu ul li{float:left;padding:0 20px;color:#272727;background:url(images/li-seperator.gif) top right no-repeat;font-weight:bold;line-height:20px;}
```

下面的代码对导航中超链接样式进行定义：

```
#menu a:link{text-decoration:none;color:#272727;font-weight:bold;}
#menu a:hover{color:#517208;}
#menu a:active{color:#517208;}
```

预览效果如图 11-9 所示。

多媒体一班　　首页 | 班级日志 | 班级相册 | 个人主页 | 留言本 | 关于我们 |

图 11-9　导航栏效果

2. banner 的制作

该网站的 banner 栏使用了一张制作好的背景图片显示。在主体结构中使用了一个 div 层进行控制，并设置层的 CSS 样式。现在把这张图片加入为该层的背景图片，并且不作填充。因为图片本身的大小已经处理好，要求和层的高度和宽度匹配。

```
#banner{background:url(images/header-bg.gif) bottom left no-repeat; height:214px;}
```

执行后显示效果如图 11-10 所示。

图 11-10　banner 栏

设计效果图上还有一句班级宣言，读者可以在 banner 中嵌套 div 层，自行进行内容和字体的创意发挥。

3. 内容部分的制作

首页中间部分的布局是将中间主体内容分为左右两部分。其中左侧部分作为主要区域，已分为上下区域，上部区域为班级欢迎内容，下部区域又分为了对等宽度的左右两个版块，分别放置班级活动和班级新闻。右侧部分作为侧边栏，分为上下区域，上部区域放置动态滚动的班级网页信息，下部区域放置班级课程表。总体中间区域布局的划分要使用嵌套 div 的形式。其 HTML 代码如下：

```
<div id="mainContent">
    <div id="content_left">
        <div id="con_welcome">欢迎区</div>
        <div id="con_bott">
            <div id="con_activity">班级活动</div>
            <div id="con_classNews">班级新闻</div>
        </div>
    </div>
    <div id="content_right">
      <div id="blackboard">班级公告</div>
      <div id="schedule">课程表</div>
    </div>
</div>
```

进行相应的 CSS 样式设定。这部分代码主要对各区域的高度、宽度、边距、字体、背景等进行设定。其中左侧区域的三个版块内容，即班级欢迎、班级相册、班级新闻都应进行向左浮动属性设定。代码如下：

```
#mainContent{height:470px;margin-bottom:5px;background:#9ff;}
 #content_left{width:600px;height:470px;float:left;background-color:#ffbb00;}
 #con_welcome{width:500px;height:200px;background-color:#666699;margin-top:5px;}
 #con_bott{width:600px;height:260px;background-color:#660099;margin-top:5px;}
 #con_activity{width:290px;height:250px;background:#acf47b;float:left;margin:5px 5px;}
 #con_classNews{wdith:290px;height:250xp;background:#eaceb7;float:left;margin:5px 5px;}
 #content_right{wdith:300px;height:470px;float:right;background:#ff0000;}
 #blackboard{width:300px;height:300px;background:#e7b5ee;margin-top:5px;}
 #schedule{width:300px;height:160px;background:#dbceff;margin-top:5px;}
```

同样为了显示效果，设定了不同的背景色以及层的高度和宽度，在后续制作中可删除背景色，宽度和高度可灵活调整。布局划分效果如图 11-11 所示。

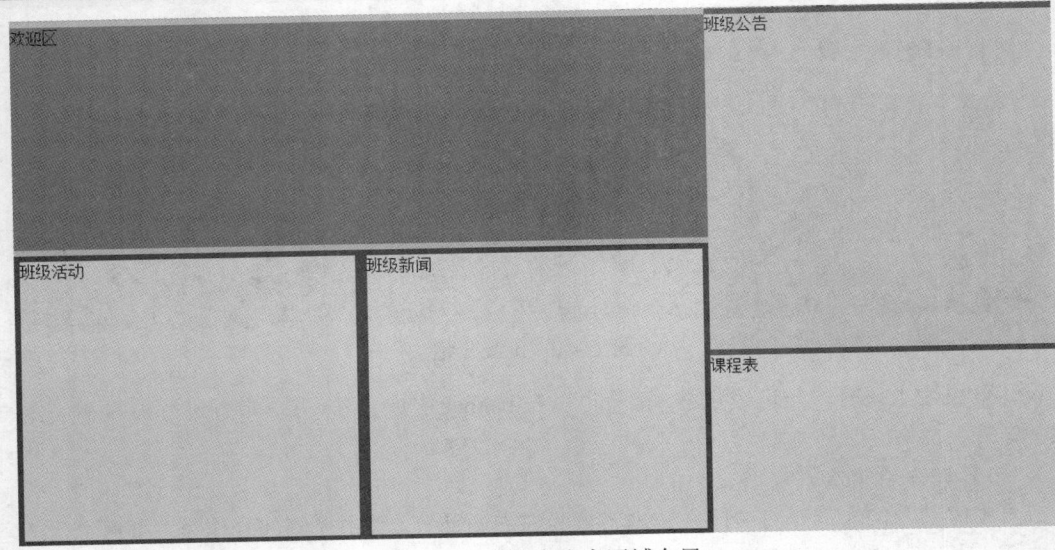

图 11-11　首页主内容区域布局

细化中间部分各部分内容。首先制作左上栏区域的班级欢迎。班级欢迎区域主要由文字组成。在这个区域的设计中，重点应关注文字的排版，比如标题栏的字体、颜色、字号的处理，内容栏字体、字号、行间距等处理。标题可采用一些字体类型的变形，以突出效果。在 HTML 代码中写入如下代码：

```
<div id="con_welcome">
<h1>欢迎您访问我的班级网站</h1>
<h2>57 位来自五湖四海的学子，57 张意气风发的笑脸汇集在这里为了梦想共同奋斗。</h2>
<p>多媒体一班于 2010 年 9 月成立。成立半年多以来，全班同学以“团结、和谐、文明、进取”为班级文化，团结一心，锐意进取，在各方面都交出了令人满意的答卷。</p>
<a href="#"><img src="images/readmore-button.gif"/></a>
</div>
```

对这部分内容，读者也可以根据自己的制作风格在 CSS 文件中对“#con_welcome{}”的内容进行调整。

班级活动区域主要由版块标题和班级图片组成。2×2 的班级图片的展示有多种方法可以实现。比如可以使用嵌套入这个 div 层的表格实现，或者在该 div 层中继续嵌套 div。具体的代码如下：

```
<div id="con_activity">
    <h1>班级活动</h1>
    <div class="second_heading">Class Active</div>
    <a href="#"><img src="images/gallery-img1.gif"/></a>
    <a href="#"><img src="images/gallery-img2.gif"/></a>
    <a href="#"><img src="images/gallery-img3.gif"/></a>
    <a href="#"><img src="images/gallery-img4.gif"/></a>
</div>
```

对这部分 CSS 样式的控制最主要的就是对图片位置的控制，代码如下：

```
#con_activity img{padding-right:10px;padding-bottom:10px;}
```

上述代码设定图片的右边距填充为 10 像素，下边距填充为 10 像素，这个属性使图片之间右、下侧都有了间距。同时由于设定了该层的宽度是 255px，而图片本身的大小是 116×69，即实现了图片的 2 行 2 列的显示效果。预览效果如图 11-12 所示。

班级活动

Class Active

图 11-12　班级活动效果图

班级新闻主要是定期公布班级的重大事件。通常，新闻实现中，如果是纯粹的文字信息的话，一般较多采用列表的方式实现。但从本列的效果图上来看，该区域为配合整体页面的美观布局，采用了标题、图片、文字内容等混合排版的实现方式。即在实现上采用了更灵活的形式。其 HTML 的代码具体如下：

```
<div id="classNews">
    <h1>班级新闻</h1>
    <div class="second_heading">Class News</div>
    <img src="images/news1.gif" align="left" hspace="10"/>
    <span class="news-title">
        <a href="#">关于普通话考试的通知</a>
    </span>
    <p>我院今年 3 月份的普通话水平测试开始接受报名...</p>
    <img src="images/news2.gif" align="left" hspace="10"/>
    <span class="news-title">
        <a href="#">“卫生健康大讲堂”大学走进</a>
    </span>
    <p>怎么预防传染病？食物出现什么变化后不能吃？...</p>
</div>
```

CSS 的样式设定分别对栏目标题、新闻标题、新闻图片、新闻文字作了不同的样式定义。其具体内容也较为简单，读者可参考本书的配套代码实现。

班级活动和班级新闻版块之间有一条简单的竖虚线，这个是对班级新闻区域 div 层的右边框设置了虚线显示以进行版块分割，显示效果如图 11-13 所示。

图 11-13　内容区左侧效果图

中间内容部分的右侧简单地分为上下两部分。上部分为滚动班级公告，下部显示课程信息。

滚动班级公告主要是日常通知信息的显示。从整体布局的美观性来看，左边区域主要使用了白底的背景，依赖版块与版块之间的留白区域进行版块的分割。这样达到的效果简单、干净。但如果右边区域仍然使用这种手法的话，内容区域的大面积空白又会使整体显得单调和空洞。所以，在公告栏使用了一个带背景底色的区域框展示动态的公告信息，从表现形式上进行了改变。其 HTML 代码如下所示：

```
<div class=" rig_top">
<div class="rig_blackboard">
    <h1>公告栏</h1>
    <h2>Bulletin Board</h2>
    <marquee direction="up" height="190" onmouseover="this.stop()" onmouseout="this.start()">
     <div class="right-title">"五一" 节放假的通知</div>
     <p>
        根据国家法定节假日安排，放假时间为 4 月 30 日至 5 月 2 日，共 3 天。5 月 3 日（星期二）正常上班。各单位做好假期工作安排及学生安全教育工作。
     </p>
    <div class="right-title">校园卡拉 OK 大赛</div>
    <p>
        学校将于近期举办校园卡拉 OK 大赛，报名截止日期 4 月 30 日，报名处在班文艺委员处，希望同学们勇跃参加。
    </p>
    </marquee>
</div>
</div>
```

在这部分代码中，首先注意到使用 marquee 标签及其 direction 属性实现了从下向上的滚动显示。为了实现鼠标指向时滚动信息停止以方便查看，使用了 onmouseover 和 onmouseout 所定义的两个鼠标事件。

课程表的实现采用标准的表格标签实现。其实现原理较为简单。需要关注的问题主要在于表格中文字应居中显示。表格背景一致，并对外边框进行加粗并显示灰色边框，用于进行区域的分割。具体代码参考本书实例代码。读者也可自行调整，使用其更美观。

4. 底部版权栏的制作

底部区域包含了底部导航和版权信息两部分内容。底部导航主要为了方便浏览者在过长的内容页面中浏览到底部时可以快速进行二级页面的切换。其实现和顶部导航相似。

11.2.4 二级页面制作

按照逻辑结构来分，网站首页视为网站结构中的第一级，与其有从属关系的页面则为网站结构中的第二级，一般称为二级页面。二级页面的内容应该和一级页面存在从属关系。例如，一个叫"课程讨论"的二级页面上所列的文章内容，都应该是跟"课程讨论"这个主题相关的。二级页面在经过合理优化后带来的用户，又可以通过二级页面本身的内容、导航将他们分流以引导到其他版块的二级页或者首页（也称一级页），最终形成网站的链接结构。

班级新闻二级页是在主页中单击"班级新闻"后链接的页面，内容应该是新闻列表。效果如图 11-14 所示。

任何一个网站整体风格都是统一的，一级页、二级页和其他页面都会有一部分是相同的，因此可以把这些相同的内容做成一个文件，比如 banner 和导航，每个页面都是一样的，可以做成一个 top.html 文件；内容区域左侧在每个页面中也都存在，可以把这部分内容做成 left.html 文件；底部滚动信息栏和版权栏在每个页面中也是相同的，可以把这部分做成 bottom.html 文件。做好这些文件之后，在制作其他页面时，就不需要重新布局，而是在动态页面中用 include 包含就可以了。使用 include 包含文件的方法更有利于网站的维护，比如导航栏要增加一个栏目，只需要修改 top.html 文件就可以了，而不用修改每个文件的导航，这样大大节省了技术成本。

图 11-14　班级新闻二级页面

班级新闻二级页和主页相比，顶部的 banner 导航栏，底部的导航，版权栏都是一样的，不同的是内容区域。主页的内容区域是两列式排版，各列又使用 div 划分了不同的版块内容。而新闻二级页是简单的两列式排版。左侧为新闻列表区，右侧为新闻分类和热点新闻区。新闻主内容区域框架 HTML 代码如下：

```
<div id="mainContent">中间内容区域
    <div id="content_left">
        <div id="con_newslist">新闻列表</div>
    </div>
    <div id="content_right">
        <div id="con_newscategory">新闻分类</div>
        <div id="con_hotnews">热点新闻</div>
    </div>
<div>
```

其中，左侧班级新闻的实现由于图文混排，所以为了保证其各条新闻的宽度、高度、间距的精确控制，该例中通过嵌套了多个 div 层进行布局。部分代码如下：

```
<div id="con_newslist">
    <div class="row">
```

```
            <span class="news-title">
                <b><a href="#">
                    专业基础教学部召开 2010 级学生专业分流动员大会
                </a></b>
            </span>
            <p>理性地选择自己的专业方向...</p>
        </div>
        <div class="clear"></div>
    </div>
```

在该代码中，写每条新闻使用了一个子 div 层，并定义了名为 row 的 class 类的 CSS 样式用于控制单条新闻的排版。同时在其他新闻条目中可以直接引用这个选择符实现统一风格的控制。这部分 CSS 的样式定义主要从内外边距行高等方面进行控制。

```
.row{margin-bottom:20px;border-bottom:1px dashed #d7d7d7;padding-top:10px;}
.row{line-height:16px;margin:5px 0;}
```

在其他版块的二级页，读者可参考以上介绍自行设计。在制作二级页面时，应注意和首页的风格保持一致。

11.2.5 内容页面制作

班级新闻二级页面仅显示每个新闻的标题，单击新闻标题进入到特定新闻的详细内容。该页面一般称为内容页面。内容页面的主导航、banner，版权栏等仍和主页布局风格相同，其他内容区域可以根据需要灵活布局。主要展示新闻内容、新闻照片、提供浏览次数显示以及发表评论。文字的修饰在 CSS 文件夹下的 style.css 中设置。新闻内容页如图 11-15 所示，此页面代码比较简单，在此不再赘述。

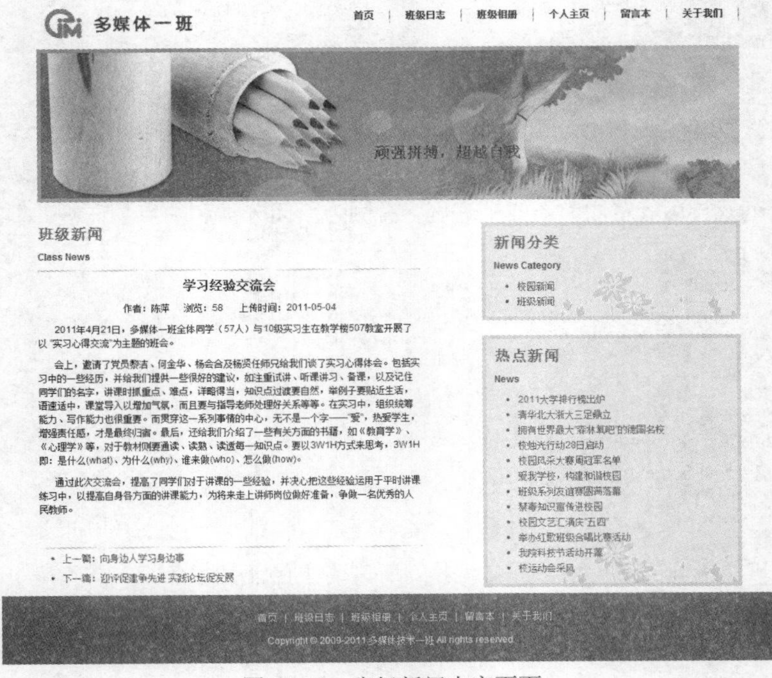

图 11-15　班级新闻内容页面

11.3　网站测试与发布

整个网站制作完成后，首先要在本地机器进行测试，然后上传到服务器上。在本地浏览网站时，需要本地机器建立虚拟目录进行浏览，在做这项工作之前首先要安装 IIS（Internet Information Services）服务器。

Internet Information Services（IIS，互联网信息服务），是由微软公司提供的基于运行 Microsoft Windows 的互联网基本服务。最初是 Windows NT 版本的可选包，随后内置在 Windows 2000、Windows XP Professional 和 Windows Server 2003 一起发行，但在 Windows XP Home 版本上并没有 IIS。WIN7 中也没有安装 IIS 功能，需要手动安装。下面介绍 WIN7 中如何安装 IIS 服务器。

11.3.1　安装 IIS 服务器

IIS 服务器安装步骤如下：

（1）在光驱中放入 Windows XP 安装光盘，单击“开始”菜单打开控制面板，然后打开其中的“添加或删除程序”，如图 11-16 所示。

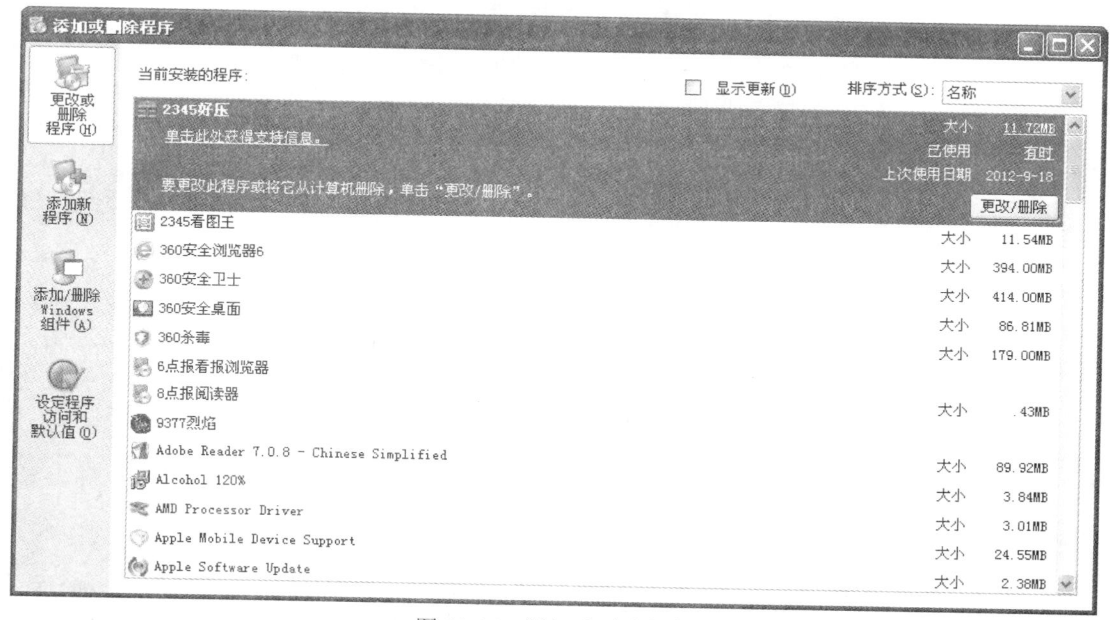

图 11-16　添加或删除程序

（2）在“添加或删除程序”窗口中，单击左侧的“添加/删除 Windows 组件”项，片刻后系统会启动“Windows 组件向导”，如图 11-17 所示。

（3）在“Windows 组件向导”对话框中双击“Internet 信息服务（IIS）”项，打开如图 11-18 所示的对话框，在其中勾选所需选项，然后单击“确定”按钮，回到“Windows 组件向导”对话框。

（4）在“Windows 组件向导”对话框中，单击“下一步”按钮，完成安装。

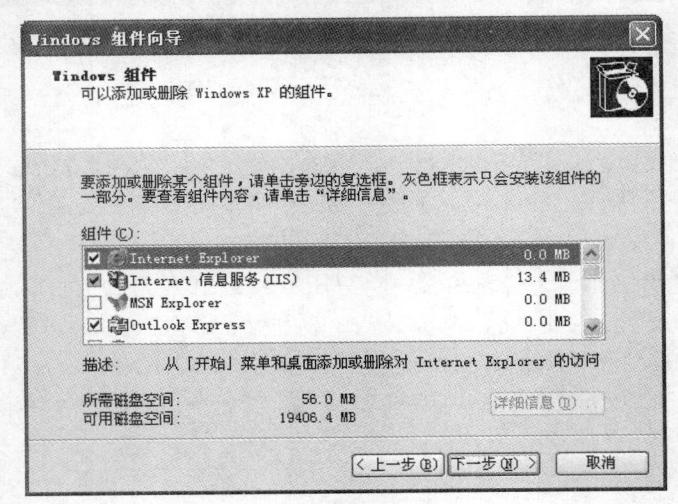

图 11-17　Windows 组件向导

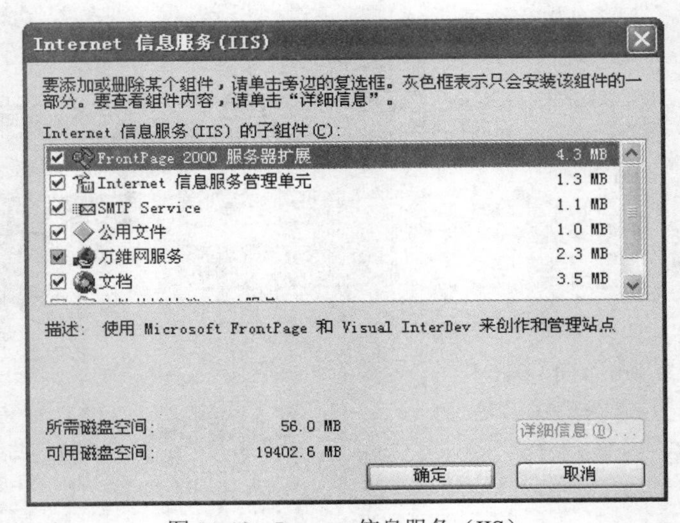

图 11-18　Internet 信息服务（IIS）

11.3.2　建立虚拟目录

建立虚拟目录的步骤如下：

（1）系统安装成功后，会自动在系统盘新建网站目录，默认目录为 C:\Inetpub\wwwroot。

（2）打开控制面板，选择管理工具，单击“Internet 信息服务”命令，打开如图 11-19 所示的窗口。

（3）右击“默认网站”，在弹出的快捷菜单中选择“属性”命令，打开如图 11-20 所示的对话框。

（4）单击“主目录”选项卡，在“本地路径”输入框后，单击“浏览”按钮可以更改网站所在文件位置，默认目录为 C:\Inetpub\wwwroot。

（5）把班级网站的压缩包复制到网站目录下，假设选择的目录为默认目录 C:\Inetpub\wwwroot。

（6）把班级网站的压缩包解压之后的文件复制到 C:\Inetpub\wwwroot\class 下即可。

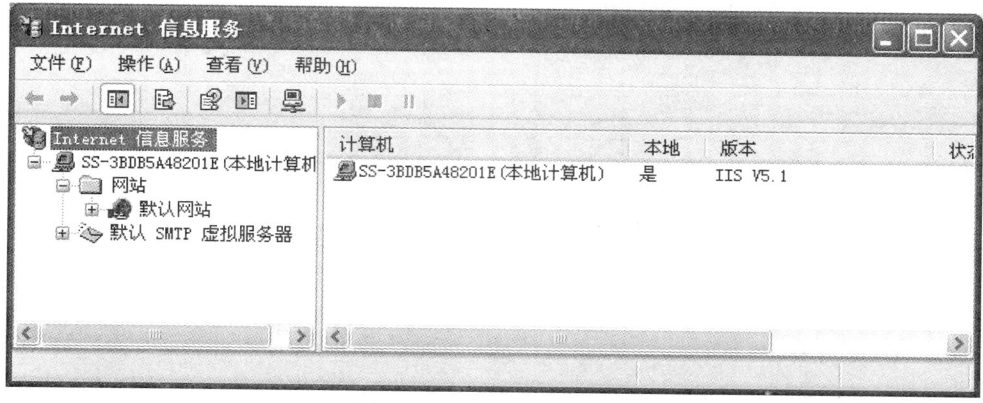

图 11-19 Internet 信息服务

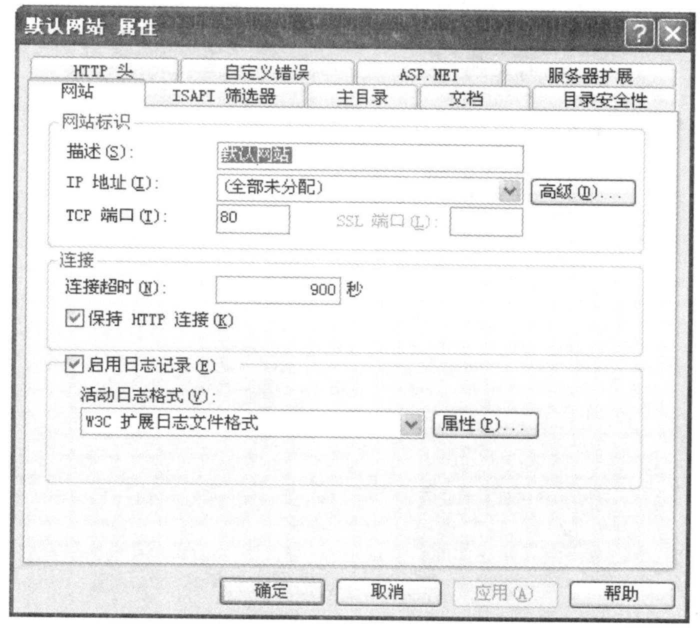

图 11-20 “Internet 信息服务”的网站属性

（7）可以通过以下方式访问网站：http://localhost/class/或http://127.0.0.1/class/或http://计算机名/class/或http://本机 IP 地址/class/。

其他人可以通过http://计算机名/class/或http://本机 IP 地址/class/访问。

11.3.3 管理站点

当在本地测试好网站后，就可以上传到服务器了。可以借助一些 FTP 工具进行网站的上传。使用 FTP 工具上传文件速度较快，所以经常会用到它，也可使用 Dreamweawer 或 Frontpage 中的发布站点命令进行上传。当站点成功上传到服务器以后，一般要隔一段时间对站点的内容进行更新，或是直接通过后台来添加一些信息，保持网站内容的更新，定期检查网站的页面是否正常显示。

参考文献

[1] 任长权．静态网页制作技术（HTML/CSS/JavaScript）．北京：中国铁道出版社，2009.

[2] 黄玉春．CSS+DIV 网页布局技术教程．北京：清华大学出版社，2013.

[3] 郑娅峰等．网页设计与开发——HTML、CSS、JavaScript 实例教程（第二版）．北京：清华大学出版社，2011.

[4] 温谦．HTML+CSS 网页设计与布局从入门到精通．北京：人民邮电出版社，2008.

[5] 于鹏．网页设计语言教程（HTML/CSS）．北京：电子工业出版社，2003.

[6] 曾顺．精通 CSS+DIV 网页样式与布局．北京：人民邮电出版社，2007.

[7] 览众，张晓景．DIV+CSS 网页布局商业案例精粹．北京：电子工业出版社，2007.